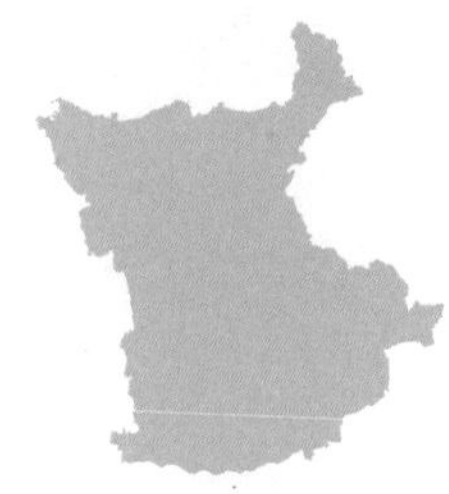

国家森林城市创建与评价研究

咸阳创建国家森林城市的方法与实践

赵强社 ◎ 编著

中国林业出版社
China Forestry Publishing House

图书在版编目(CIP)数据

国家森林城市创建与评价研究：咸阳创建国家森林城市的方法与实践 / 赵强社编著. —北京：中国林业出版社，2022.6

ISBN 978-7-5219-1666-9

Ⅰ. ①国… Ⅱ. ①赵… Ⅲ. ①城市林-城市规划-研究-咸阳 Ⅳ. ①S731.2

中国版本图书馆 CIP 数据核字(2022)第 073167 号

责任编辑：于晓文　于界芬　　　　**电话**：(010)83143549

出版发行：中国林业出版社(100009　北京市西城区德内大街刘海胡同 7 号)
http：//www.forestry.gov.cn/lycb.html
印　　刷：河北华商印刷有限公司
版　　次：2022 年 6 月第 1 版
印　　次：2022 年 6 月第 1 次印刷
开　　本：787mm×1092mm　1/16
印　　张：11.75
字　　数：285 千字
定　　价：118.00 元

序

2016年1月26日，习近平总书记在中央财经领导小组第十二次会议上作出“要着力开展森林城市建设”的重要指示。咸阳积极贯彻落实习近平生态文明思想和习近平总书记关于建设国家森林城市的重要指示精神，2017年启动了国家森林城市创建工作，大手笔描绘“天更蓝、水更清、地更绿、民更富”的绿色画卷，国土增绿步伐持续加快，咸阳大地呈现出“林海绵延、绿廊纵横、公园点缀、林水相依”的森林城市美景。通过国家森林城市建设的深入推进，咸阳市对深入贯彻落实习近平生态文明思想，加快森林城市建设有了更加深刻的体会和认识。

必须以“坚持人与自然是生命共同体”为本质要求。生态兴，则文明兴。迈入新时代，生态环境是关系党的使命宗旨的重大政治问题，也是关系民生的重大社会问题。实践证明，坚持绿色发展理念，正确处理人与自然的关系，加强生态保护修复，不断推进生态文明建设，才能切实提高发展质量，更好满足人民美好生活需要。咸阳森林城市建设坚持以促进人与自然和谐共生为本质要求，坚持保护与修复并重，把实施重大生态保护修复工程，作为国家森林城市建设优先选项，从林业“单兵作战”到系统治理，多项生态工程齐头并进。连续五年来，市委市政府谋划并实施森林围城进城、绿色廊道、森林乡村、景区绿化、湿地公园、森林公园等“创森十大工程”，全市累计完成营造林193.85万亩，林木覆盖率达到41.98%、城区绿化覆盖率45.19%、村庄绿化覆盖率37.64%、道路绿化率达到99.42%、水岸林木绿化率89%、农田林网控制率95.16%。咸阳城乡大地绿色空间不断扩展延伸，森林资源数量得到有效增长，湿地保护与恢复面积持续增加，生物多样性得到恢复发展，朱鹮、黑鹳等珍稀鸟类频繁活动在咸阳渭河流域，金钱豹、林麝等野生动物频繁现身旬邑县石门山等北部林区，处处呈现出人与自然和谐共生的美景。

必须以“坚持良好生态环境是最普惠的民生福祉”为宗旨。环境就是民生，青山就是美丽，蓝天也是幸福。随着物质文化生活水平不断提高，城乡居民不仅关注“吃饱穿暖”，还增加了对良好生态环境的诉求。建设森林城市，目的在民生，也是对人民群众生态产品需求日益增长的积极回应。在森林城市建设中，咸阳市坚持生态惠民、生态利民、生态为民，促进绿水青山与金山银山良性循环。全市建成石门山国家级森林公园等5个森林公园、7处森林休闲康养基地，建成生态绿道231.2公里，串联起100多个重要景点，250多个驿站和服务点，绿道使用人数已近5000万人次。全市累计建成森林县城5个、森林乡村125个、绿色社区100个、绿色学校39个、湿地公园15个、森林公园20个；48个乡村被评为国家森林乡村，旬邑县、永寿县荣获“中国天然氧吧”称号等。身边增绿的加快推进，让广大市民群众“不出城郭而获山林之怡，身居闹市而享林水之乐”的美好梦想变成现实，享受到森林城市建设带来的实实在在的绿色生态福利。同时，着眼实现生态美与百姓富的有机统一，在森林城市建设中，咸阳市大力推动特色经济林、森林旅游、林下经济等绿色产业发展，形成了门类多样、特色鲜明的林业产业发展格局。全市现有省级林业产业龙头企业10家，省级苗木花卉产业示范园16家，核桃、花椒等特色经济林119万亩。茯茶、牡丹油、柿子醋、皂角、沙棘油等林产品初具规模，成为群众增收致富的重要依托，2020年全市林业产业总产值达到170.06亿元。

必须以“坚持山水林田湖草沙一体化保护和系统治理”为基本

路径。人类生存和发展的自然系统，是社会、经济和自然的复合系统，是普遍联系的有机整体。只有遵循自然规律，生态系统才能始终保持在稳定、和谐、前进的状态，才能持续焕发生机活力。在森林城市建设中，咸阳市坚持山水林田湖草沙共同体理念，遵循生态系统内在机理和规律，因地制宜、分类分区施策，统筹推进黄河重点生态区、“旱腰带”生态重建区、黄土高原水土流失区的生态保护修复，以国家湿地公园建设为抓手，全力加快湿地保护与恢复步伐，着力提升自然生态系统质量和稳定性。出台了《咸阳市黄河流域生态空间治理十大行动》，统筹“林地、湿地、荒山荒地、自然景观地”四大阵地，加快沿黄区域生态保护修复，助力高质量发展。积极创新，探索出垒石造林、抗旱造林等科学造林法，在“旱腰带”矿山开采区实施生态修复40万平方米，治理恢复面积5781亩。将三北防护林工程、天然林资源保护工程等林业重点工程项目向北部黄土高原水土流失区倾斜，采取人工造林、封山育林、飞播造林等营造林措施，结合土地整治与土壤污染修复、生物多样性保护、流域水环境保护治理等，综合推进实施山水林田湖草沙生态保护和修复工程，筑起一道道生态安全屏障。遵循“保护优先、科学恢复、合理利用、永续发展”的基本原则，加快全市湿地保护与恢复步伐，维护湿地生态系统结构和功能的完整性，保护扩大野生动植物栖息地，全市建成国家湿地公园6个，湿地保护面积达到15.4万亩，较“创森”前增加3.4万亩。

必须以“坚持用最严格制度最严密法治保护生态环境”为重要抓手。保护生态环境离不开强有力的体制机制保障。党的十九届四中全会将生态环境保护制度列为坚持和完善中国特色社会主义制度、推进国家治理体系和治理能力现代化的重要内容。在森林城市建设中，咸阳市注重顶层设计，健全完善体制机制，积极探索地方立法，进一步深化生态文明体制改革，着力构建生态保护修复长效工作机制。2018年，咸阳市在全省率先试点推行林长制，率先实现了市、县、镇、村四级林长制全覆盖。全市共设立林长3745个，其中市级林长13个，县级林长226个，镇级林长605个，村级林长2901个。制定出台了《咸阳市林长制市级会议制度》《咸阳市林长制办公室议事规则》等5项工作制度。与市中级人民法院、市检察院、市公安局联合印发了《咸阳市森林资源保护管理"四长"协作机制实施办法》。以"林长之制"实现"森林之治"。2018年，咸阳市出台了全省首部关于湿地公园保护管理的地方性法规《咸阳市湿地公园保护管理条例》，使湿地保护与修复工作进入法制化阶段。2020年，严格对标生态功能保障基线，划定了全市生态保护红线，涵盖森林生态系统、陆生野生动物生态系统、湿地生态系统、自然地生态系统等，形成了整个庞大的生态空间体系，出台了《咸阳市生态空间治理十大行动》，实行最严格的生态环境保护制度，加快生态空间治理步伐。市政府还先后出台了《咸阳市全民义务植树实施办法》《咸阳市古树名木保护管理办法》等，生态保护修复的制度体系、责任体系不断健全完善，生态空间治理体系和治理能力现代化提升到新水平。

森林城市建设只有起点、没有终点，只有更好、没有最好。咸阳市将深入贯彻落实习近平生态文明思想和"绿水青山就是金山银山"理念，坚持"整体保护、系统修复、综合治理、高质量发展"原则，统筹推进生态保护、生态恢复、生态重建、生态富民、生态服务、生态安全，加快"由绿向美"进程，持续巩固提升国家森林城市建设成果，让咸阳大地"无山不绿，有水皆清，四时花香，万壑鸟鸣"，建成高质量山清水秀新咸阳，为谱写咸阳新时代追赶超越发展提供坚强的生态保障。

2022年2月

前　言

咸阳位于陕西省八百里秦川腹地，渭水穿南，嵕山亘北，山水俱阳，故称咸阳。咸阳是中国大地原点所在地，东邻省会西安，西接国家级杨凌农业高新技术产业示范区，西北与甘肃接壤。

咸阳辖2市2区9县，总面积10196平方公里，总人口436万。截至2020年年底，全市实现生产总值2204.81亿元。

咸阳身处华夏历史文化长河的发端，是秦汉文化的重要发祥地。境内文物景点众多。秦始皇定都咸阳，使这里成为“中国第一帝都”。咸阳遍地秦砖汉瓦，五陵塬及嵕山28位汉唐帝王陵寝一字排开、绵延百里，被誉为“中国金字塔之都”。周礼秦制、汉唐文明曾在这里孕育生发、播扬四海，书同文、车同轨、度同制、郡县制，以及大一统思想肇始于此、影响至今。

咸阳是一座充满活力、蓬勃发展的创新之城、开放之城。

咸阳是一座人文灿烂、底蕴深厚的国家级历史文化名城，是中国甲级对外开放城市、全国双拥模范城市、国家卫生城市、中国魅力城市、中国地热城、全国十佳宜居城市、首批中国优秀旅游城市、全国精神文明创建工作先进市及中华养生文化名城。

咸阳孕育了中国的农耕文明，农业始祖后稷在此教民稼穑。咸阳是全国最大的优质苹果生产基地、陕西省重要的蔬菜和奶畜生产基地。乡村旅游产业影响持续扩大，袁家村、马嵬驿、龙泉公社等旅游景点年吸引国内外游客2000多万人次。电子信息、新能源汽车、高端装备制造、生物医药、医疗康养产业集群初具规模，正在成为产业强市的新支柱。

咸阳是一座景色秀丽、绿色生态的魅力之城、宜居之城。咸阳坚持新发展理念，着眼推进城市群发展，积极推进“三城两带”(三城：北塬新城、咸阳主城、渭河南城，两带：五陵塬历史文化景观带、渭河生态景观带)建设。尤其是近年来，咸阳依托国家森林城市创建，持续加快国土增绿步伐，全市现有林地759万亩、活立木蓄积量1452万立方米，林木覆盖率达到41.98%，“一城绿树半城花”已成为咸阳践行绿色发展理念的靓丽名片。

编　者

2022年3月

目 录

评定篇

国家森林城市创建与评价研究

咸阳创建国家森林城市的方法与实践

规划篇

第1章 咸阳创建国家森林城市基础研究

1.1 国家森林城市概念及创建程序

1.1.1 国家森林城市概念

国家森林城市是指在市域范围内形成以森林和树木为主体，城乡一体、稳定健康的城市森林生态系统，服务于城市居民身心健康，且各项建设指标达到规定标准并经国家林业和草原局批准授牌的城市。国家森林城市是新时期加快造林绿化和生态建设的一种创新实践，是国家对一个城市市域范围内所有绿化工作给予的最高荣誉，是绿化行业规格最高的一个奖项。

1.1.2 国家森林城市创建程序

国家森林城市的创建程序是每年9月30日前命名一次。

一是申请创建。由计划创建的城市以市政府正式文件向省级林业行政主管部门申请创建。

二是省级备案。省级林业行政主管部门根据申请城市的基本情况，适时指导、检查、评审，对符合条件的，向国家林业和草原局转报备案，经国家林业和草原局审核批复后，开始创建。

三是编制规划。国家森林城市要编制10年以上的森林城市创建规划，每年新造林面积不低于创建城市国土面积的0.5%，建设期限2年以上。

四是申请验收。按规划实施2年后，经自查达标，申请省级验收。

五是国家授牌。省级验收合格后，由省级林业行政主管部门向国家林业和草原局推荐，经国家林业和草原局验收达标后，授予国家森林城市称号。

1.1.3 国家森林城市建设历程及现状

2004年，国家林业局启动国家森林城市创建活动。2016年，国家林业局把建设森林城市列入林业发展“十三五”规划的重要内容，成立了森林城市建设工作领导小组，出台了《关于着力开展森林城市建设的指导意见》。9 月启动编制《全国森林城市发展规划》，制定全国森林城市国家指标体系。截至 2021 年，全国已有 194 个城市建成国家森林城市。陕西省宝鸡市于 2009 年获批为国家森林城市。近年来，西安市、延安市、榆林市、汉中市、商洛市也正式获批为国家森林城市。

1.2 咸阳创建国家森林城市必要性分析

1.2.1 国家生态发展战略的要求

党的十八大以来，习近平总书记对生态建设高度重视，先后作出了一系列重要指示。在 2016 年 1 月 26 日的中央财经领导小组第 12 次会议上专门强调“要着力开展森林城市建设”。中央“十三五”规划等一系列重大决策部署中，也将建设森林城市作为重要任务。

1.2.2 国家森林城市群规划的要求

国家林业发展“十三五”规划明确提出到 2020 年建成珠三角、京津冀、长三角、长株潭、中原、关中—天水等区域 6 个国家级森林城市群。陕西省也提出了，到 2020 年率先建成关中森林城市群的总体部署。宝鸡、西安、延安、榆林、汉中、商洛均已创建成功，咸阳是关中森林城市群能否贯通的枢纽和关键，创建国家森林城市是大势所趋、势在必行。

1.2.3 建设咸阳新时代生态空间治理的要求

国家森林城市从“森林生态、森林健康、森林产业、森林文化、森林支撑”五大体系开展创建，这和建设咸阳新时代生态空间治理内在要求完全契合。创建森林城市最终目的就是解决人民群众的生态需求，是一项改善民生、普惠百姓的公益事业，可以说创建国家森林城市最大的受益者是咸阳市民。

1.3 咸阳创建国家森林城市的机遇和挑战

1.3.1 机　遇

1.3.1.1 市委市政府高度重视

近年来，咸阳市委市政府高度重视林业工作，带领全市人民全力实施“北部山地森林化、中部旱塬果林化、南部平原园林化”的绿化战略。截至 2017 年，咸阳有林地面积达到 458.26 万亩，森林覆盖率达到 35.95%。

1.3.1.2 国家省级林业部门大力支持

国家和省级林业主管部门充分肯定了咸阳近年来的林业工作，认为咸阳初步具备了国家森林城市条件，并将给予大力支持。

1.3.1.3 有创园创绿基础

咸阳于2014年成功创建“国家园林城市”，2016年成功创建“全国绿化模范城市”。“创园”和“创绿”使咸阳绿化面积不断增加，森林质量持续提升，林业产业快速升级，生态状况普遍优化，人居环境明显改善，同时也积累了一定的创建经验。

1.3.1.4 创建主体增多

咸阳除13个县市区政府是创建主体外，还有西咸新区5个新城和大西安(咸阳)文体功能区、市高新区、市新纺工业园区。21个创建主体都非常重视生态建设，特别是8个新城更是将城市建设定位在田园都市型的高度，生态建设规模大、标准高，能有效拉动、提升城区各项创建指标。

1.3.1.5 咸阳市林业规划支撑

咸阳林业规划围绕“一城、两河、三区、十线、多点”的绿化总体布局，以实施生态屏障建设、林业产业富民、重大生态修复、森林经营及资源保护、深化林业改革、生物多样性保护、森林文化建设、林业基础设施建设“八大林业工程”为抓手，每年计划营造林50万亩以上，完成道路绿化1500公里，森林覆盖率达到38.95%，森林蓄积量达到1424万立方米，为创建国家森林城市提供了重要支撑。

1.3.2 挑 战

1.3.2.1 “创森”竞争日趋激烈

党的十八大以来，习近平总书记对森林城市建设高度重视，先后做出了一系列重要指示。全国申请国家森林城市越来越多，而且都在抢时间，力争早日命名。

1.3.2.2 部分指标与森林城市要求有差距

国家森林城市是市域范围内所有绿化工作的综合评定，重点是建成区，评选指标分为5大类40小项(2017年)。经对标分析，咸阳有8项指标和森林城市要求差距明显，分别为：

一是森林覆盖率存在北高南低的问题。国家森林城市要求市域森林覆盖率达30%以上，且2/3的县(区)森林覆盖率达30%以上。根据全国第九次森林资源连续清查成果，截至2013年年底，咸阳森林覆盖率为31.27%(不含杂果经济林和农田经济林)。咸阳13个县市区，2/3的县就要求9个县森林覆盖率达30%以上，北部5县和礼泉县可以达标，中部其他3县森林覆盖率不足30%(泾阳25.28%、三原26.86%、乾县22.4%)，南部4县市区森林覆盖率在10%左右(秦都7.23%、渭城4.83%、兴平17.31%、武功15.71%)。这就要求咸阳在旱腰带和南部平原地区加快造林绿化速度，尽快提高森林覆盖率。

二是建成区绿化覆盖率有差距。国家森林城市要求建成区绿化覆盖率达40%以上。截至2017年，咸阳中心城区绿化覆盖率38.35%，与40%相差1.65个百分点。按照咸阳中心城区面积90平方公里计算，1.65个百分点要求咸阳在国家森林城市期间内市区新增绿化覆盖面积2228亩。

三是建成区人均公园绿地面积不达标。国家森林城市要求建成区人均公园绿地面积达到11平方米以上。咸阳城区公园偏少，人均绿地面积8.86平方米，与11平方米相差2.14平方米。按2015年年末咸阳市中心常住人口91.5万计算，国家森林城市期间咸阳市需新建公园绿地近3000亩。

四是建成区街道树冠覆盖率不达标。国家森林城市要求建成区街道树冠覆盖率达25%以上。咸阳部分路面较窄的路段可以达标，路面较宽且中间没有绿化隔离带的路段尚未达标，这些路段在咸阳市目前占60%左右。

五是建成区新建地面停车场乔木树冠覆盖率不达标。国家森林城市要求建成区新建地面停车场乔木树冠覆盖率30%以上。咸阳新建的生态停车场较少，乔木树冠覆盖率不达标。

六是人口密集区市民出门休闲绿地较远。国家森林城市要求建成区市民出门500米内有休闲绿地。咸阳休闲绿地分布不均，市民出门500米内有休闲绿地的指标未达标。

七是城市生态文化建设相对薄弱。国家森林城市要求在森林公园、湿地公园、植物园、动物园、自然保护区的开放区等公共游憩地，设有专门的科普小标识、科普宣传栏、科普馆等生态知识教育设施和场所，每年举办市级生态科普活动5次以上。目前，咸阳还没有设施完备、向公众开放的科普教育场所，要求咸阳市完善森林公园、湿地公园、城区公园的基础设施建设，设立科普教育区域，加挂科普教育基地牌子。

八是城市森林管理机制不健全。国家森林城市要求城区、郊区绿化管理机制健全，组织领导有力，保障制度有效，规划建设科学，投入机制完备，生态服务和生态功能监测到位，档案管理规范等。省内其他地市绿化办均为独立单位，延安、榆林、宝鸡等市绿化办均为副县级建制，而咸阳市绿化办没有专门机构和专职管理人员，设在市林业局造林科教科，绿化办日常工作由造林科教科一名干部兼管。

1.3.3 市县财政投入林业资金有限

近年来，咸阳造林绿化基本上靠国家和省上的专项资金，市县地方财政投入相对有限。西安市3年国家森林城市累计投入195亿元，其中全市各级财政累计投入85亿元，仅市级财政每年投入国家森林城市专项资金就达1.8亿元，用于国家森林城市项目建设、国家森林城市宣传和创森办业务开展等。宝鸡市财政每年列支造林绿化专项资金5000万元以上。咸阳市本级财政投入造林绿化资金也在逐年提高，2013年516万元、2014年650万元、2015年900万元、2016年1700万元。

第 2 章 咸阳创建国家森林城市战略探究

2.1 指导思想

全面贯彻党的十九大精神，以习近平新时代中国特色社会主义思想为指导，牢固树立社会主义生态文明观，坚持尊重自然、顺应自然、保护自然的生态文明理念，增强绿水青山就是金山银山意识，坚持山水林田湖草系统治理，将创建国家森林城市作为咸阳生态文明建设的重要载体，以“绿染故都、美丽咸阳”为森林城市建设理念，以林海绵延、绿廊纵横、公园点缀、林水相依为“创森”格局，让森林走进城市、让城市拥抱森林，逐步建成完备的森林生态体系、鲜明的森林服务体系、发达的森林产业体系、繁荣的森林生态文化体系和健全的森林支撑保障体系，把咸阳建成中国西部绿色发展的先行区。

2.2 遵循原则

2.2.1 城乡一体，统筹规划

国家森林城市涵盖了城市建成区和广大乡村的市域范围，郊区和乡村的建设是其中的重要组成部分，需要城乡一体化规划、布局，统一调配可利用资源，通过退耕还林、天然林保护、绿色长廊建设、村镇绿化等，全面带动郊区和广大农村的发展，促进城市建设与农村社会全面发展有机协调，实现资源利用最大化、建设成果惠民普遍化。

2.2.2 弘扬文化，突出特色

森林城市建设要同地方深厚的历史、文化、民俗传承结合，充分考虑市民文化需求，融生态文化、历史文化、科普文化、风俗民情于森林城市建设中，满足人们休闲、娱乐等各种精神文化需要。重视森林生态文化的基础建设，弘扬和宣传绿色文明、森林生态文化，让绿色文明、森林生态文化内涵融入森林城市建设的全过程。注重突出亮点、特色，打造精品，建设带有浓郁地方特色的森林城市，提升城市文化内涵，树立品牌形象。

2.2.3 师法自然，因地制宜

遵循生态系统演替规律和近自然林业经营理念，因地制宜，以地带性植被为基调，以乡土树种为核心，适当使用适于本地区生长的外来植物，结合树种特性因地制宜植树造林，实现造林树种乡土化、林分结构层次化、林种搭配合理化，形成稳定、高效的近自然森林生态系统。

2.2.4 注重实效，惠民富民

注重建设实效，推广节约型生态技术和可持续管理手段，降低管护成本，充分发挥森林的生态、社会和经济综合效益。以生态建设为核心，不断改善城乡生态环境，积极推动林业产业发展，结合精准扶贫逐步带动百姓创收致富，让森林城市最大限度地为广大群众提供绿色福祉。

2.2.5 政府主导，全民参与

发挥政府的主导作用，充分调动广大市民和社会各界广泛参与的积极性，努力争取各级财政，吸引企业和个人投资，支持城市生态建设，发挥市场经济带动森林城市建设稳步发展的作用，形成全社会共同参与森林城市建设的良好氛围。

2.3 政策依据

2.3.1 法律法规

(1)《中华人民共和国森林法》(2009年修订)；
(2)《中华人民共和国环境保护法》(2014年修订)；
(3)《中华人民共和国土地管理法》(2004年修订)；
(4)《中华人民共和国城乡规划法》(2015年修订)；
(5)《中华人民共和国水土保持法》(2010年修订)；
(6)《中华人民共和国环境影响评价法》(2016年修订)；
(7)《中华人民共和国水法》(2002年修订)；
(8)《中华人民共和国野生动物保护法》(2016年修订)；
(9)《中华人民共和国野生植物保护条例》(1997)；
(10)《中华人民共和国自然保护区条例》(2011年修订)；
(11)《中华人民共和国森林法实施条例》(2016年修订)；
(12)《城市绿化条例》(2017年修订)；
(13)《陕西省森林管理条例》(1991)；
(14)《陕西省森林公园条例》(2012)。

2.3.2 中共中央、国务院及部委文件

(1)《决胜全面建成小康社会夺取新时代中国特色社会主义伟大胜利》(2017)；

(2)《中华人民共和国国民经济和社会发展第十三个五年规划纲要》(2016);
(3)《林业发展“十三五”规划》(2016);
(4)《生态文明体制改革总体方案》(2015);
(5)《中共中央国务院关于加快推进生态文明建设的意见》(2015);
(6)国家林业局《关于着力开展森林城市建设的指导意见》;
(7)《全国绿化委员会关于印发〈全民义务植树尽责形式管理办法(试行)〉的通知》;
(8)全国绿化委员会、国家林业局《关于禁止大树古树移植进城的通知》;
(9)《国家发展改革委关于印发关中—天水经济区发展规划的通知》;
(10)《国家发展和改革委员会关于印发西部大开发“十三五”规划的通知》;
(11)《国务院办公厅关于加快林下经济发展的意见》;
(12)《全国城郊森林公园发展规划(2016—2025年)》(2015);
(13)《国有林场改革方案》(2015);
(14)《全国林业信息化建设纲要(2008—2020年)》;
(15)《推进生态文明建设规划纲要(2013—2020年)》;
(16)《城市古树名木保护管理办法》。

2.3.3 行业标准、规范

(1)《国家森林城市评价指标》(LY/T 2004—2012);
(2)《造林技术规程》(GB/T 15776—2016);
(3)《低效林改造技术规程》(LY/T 1690—2017);
(4)《封山(沙)育林技术规程》(GB/T 15163—2004);
(5)《森林抚育规程 》(GB/T 15781—2015);
(6)《生态公益林建设 技术规程》(GB/T 18337.3—2001);
(7)《城市绿地分类标准》(CJJ/T 85—2002);
(8)《美丽乡村建设指南》(GB/T 32000—2015)。

2.3.4 相关规划、资料

(1)《陕西省林业发展“十三五”规划》;
(2)《陕西省第二次湿地资源调查公报》(2015);
(3)《推进陕西生态文明建设规划纲要(2013—2020年)》;
(4)《陕西省林业产业“十三五”规划》(2016);
(5)《陕西省苗木花卉产业发展规划(2016—2025年)》;
(6)《陕西省油用牡丹产业发展规划(2014—2020年)》;
(7)《咸阳市国民经济和社会发展第十三个五年规划纲要》(2016);
(8)《咸阳市城市总体规划(2015—2030年)》;
(9)《咸阳市土地利用总体规划(2006—2020年)》;
(10)《咸阳市创建全国绿化模范城市暨城乡绿化发展规划(2013—2020年)》;
(11)《咸阳市城乡发展一体化战略规划(2014—2020年)》;

(12)《西咸新区总体规划(2010—2020 年)》;
(13)《咸阳市城市绿地系统规划修编(2015—2030 年)》;
(14)《咸阳市"十三五"农业发展规划(2016—2020 年)》;
(15)《咸阳市"十三五"水利发展规划(2016—2020 年)》;
(16)《咸阳市"十三五"文物保护和旅游产业发展规划》;
(17)《彬县县城总体规划(2015—2030 年)》;
(18)《淳化县县城总体规划(2006—2020 年)》;
(19)《礼泉城市总体规划(2007—2025 年)》;
(20)《三原县县城总体规划(2010—2025 年)》;
(21)《武功县县城总体规划(2010—2030 年)》;
(22)《咸阳市旬邑县城总体规划(2012—2020 年)》;
(23)《长武县县城总体规划(2014—2030 年)》;
(24)《咸阳市林业志(1997—2010 年)》(2012);
(25)《咸阳市绿化委员会办公室关于印发〈咸阳市社区公园管理办法(试行)〉的通知》;
(26)《咸阳市林业局关于印发〈咸阳市森林公园管理办法(试行)〉的通知》;
(27)《咸阳市林业局关于印发〈咸阳市森林乡村管理办法(试行)〉的通知》;
(28)《咸阳市林业局关于印发〈咸阳市湿地公园管理办法(试行)〉的通知》。

2.4 上位规划

2.4.1 咸阳市城市总体规划分析

2.4.1.1 城市性质

大西安国际化大都市的核心组成部分，西部高端能源化和先进制造业基地，国家历史文化名城和国际一流旅游目的地城市。

2.4.1.2 发展方向

与西安同步发展，使咸阳成为人文特色鲜明、生活现代时尚、发展充满活力的大西安国际化大都市核心组成部分。

2.4.1.3 发展战略

区域发展战略：积极融入关中城市群，参与区域合作与分工的区域发展战略，加快区域一体化建设。

城市空间战略：城市升级，构筑功能卓越的城市格局。

交通发展战略：整合各类交通设施，建立多层次、复合型和网络化交通体系，构筑区域交通枢纽。

生态控制战略：生态集约，推动城市可持续发展。

产业发展战略：产业转型，构建现代产业体系。

《咸阳市城市总体规划(2015—2030 年)》明确了城市发展规模，市域城镇空间结构，是编制本次规划的重要遵循；本规划是对城市总体规划的进一步深化与实践，是实现城市发展目标、树立城市形象、完善城市职能、改善人居环境、促进经济社会发展、维护区域生态安全的重要支撑与保障。

2.4.2 咸阳市城市绿地系统规划分析

整个市域绿地规划结构为“两带、三轴、四心”贯穿市域，“绿廊镶玉”散落其间的生态格局。

2.4.2.1 “两带、三轴、四心”贯穿市域

“两带”指贯穿市域南北的泾河生态廊道和东西方向的渭河人工绿色廊道。“三轴”分别指唐帝陵遗址的东西向绿色文化轴，沿汉帝陵遗址的东西向绿色文化轴，沿秦直道、秦甘泉宫等遗址的贯穿市域南北绿色秦文化轴。“四心”为旬邑石门山自然保护区、永寿翠屏山自然保护区、淳化县爷台山自然保护区和陕西省仲山森林公园。

2.4.2.2 “绿廊镶玉”散落其间

“大玉珠”指沿渭河和泾河流向形成的一系列河流交汇处的湿地节点，贯穿整个市域，发挥其主要的生态效应。“小玉珠”指贯穿市域范围内郑西高铁、陇海铁路、西平铁路、G312 国道、西宝高速、福银高速和 G311 国道形成的人工干扰廊道与相邻径流水系形成的节点，“大玉珠”“小玉珠”以及主要生态节点通过一系列沿河支流形成主要的生态结构形态。“绿廊”指几条沿渭河、泾河支流形成的生态廊道，其有助于将湿地节点的生态效应渗透到人工干扰带，弱化道路干扰性并进一步与两翼的生态区融合，形成整个市域紧密联系的生态布局。

在《咸阳市城市绿地系统规划修编(2015—2030 年)》基础上，通过道路、水系将森林公园、湿地公园、自然保护区等绿色开敞空间有机串联起来，构建集生态保育、休闲游憩、林业产业、文化教育等多功能于一体的森林生态体系。通过国家森林城市建设进一步优化提升区域绿地系统空间布局及结构，加强城区和郊区之间生态廊道的联系，进一步改善城乡生态环境，实现经济社会的绿色发展。

2.5 绿化战略

咸阳市按森林功能区划为北部黄土高原生态公益型防护林区、中部黄土台塬生态经济型防护林区、南部关中平原田园生态型景观区。采取不同的绿化模式绿化“三区”，实现“北部山地森林化、中部旱塬果林化、南部平原园林化”。

北部黄土高原生态公益型防护林区包括旬邑、淳化、长武、彬县、永寿北部。该区分布了全市 70%的森林，建设有旬邑石门山省级自然保护区、石门山国家森林公园、仲山森林公园，是咸阳市森林覆盖率最高、生物多样性最丰富的区域，但局部水土流失较严重，通过天然林资源保护、三北防护林建设、退耕还林等重点工程，以流域生态治理、生态旅游景区绿化、森林抚育等为补充，推广生态旅游景区绿化，提升林地景观质量，改善流域生态环境，建成咸阳市的生态屏障。

中部黄土台塬生态经济型防护林区包括泾阳、三原、乾县、礼泉 4 县。该区域是市域的特色农业、绿色果品、生态旅游以及能源化工区，水土流失严重，通过以杂果经济林、

木本油料林、水土保持林建设，实施特色干杂果林建设、生态旅游景区绿化、通道绿化、泾河沿线湿地保育、水土流失治理，推广规模造林、流域治理、生态种植等绿化模式，提升现有林地质量，增强林地的生态功能和景观质量，在增大国土绿化规模，增强区域生态功能，改善生态环境的同时，发展林业经济，提高土地利用效益。

南部关中平原田园生态型景观区包括秦都、渭城、兴平和武功。该区域是新型工业区、城镇集中区、特色农业区和渭河生态廊道，通过以田园生态景观林建设为目标，重点实施森林围城进城、水系湿地保育、生态农业观光、道路绿化等工程，形成田园生态景观林网，在大力提高现有绿化用地绿化质量的同时，拓展绿化用地范围，推广立体绿化、屋顶绿化、生态林业等新型绿化模式，增大点、线绿化用地面积、绿量，增强绿地景观质量。

2.6 绿化布局

2.6.1 市域空间布局

根据咸阳市的自然生态环境条件和资源利用的差异性，以及森林城市建设与发展对绿色空间的拓展性、趋同存异等要求，综合考虑地形、森林资源分布及发展现状，将咸阳市国土绿化发展总体布局为“一城、两河、三区、十线、多点”。

一城：即咸阳中心城区和西咸新区(咸阳市行政区域部分)构成的大城区绿化。结合咸阳市城市总体规划、绿地系统规划和西咸新区规划，增加城区各类绿地面积，提高绿化覆盖率，注重道路绿化、水系绿化、停车场绿化、小区和单位绿化，实现市民共享绿色福利的宜居城市环境。同时，在城市绿化建设过程中融入秦汉文化、民俗文化等，提升绿化品位。

两河：即渭河、泾河市域内水系廊道绿化。为咸阳境内主要的河流，沿两河高标准绿化水岸，形成综合水网防护林体系，发挥涵养水源、保持水土、景观营造、固岸护堤等多重功能。在适宜河段开展湿地保护和恢复工程，建设湿地公园和滨河生态绿地等，发展生态旅游。

三区：即北部黄土高原生态公益型防护林区、中部黄土台塬生态经济型防护林区、南部关中平原田园生态型景观区。

十线：即包茂高速、连霍高速、福银高速、咸旬高速、旬铜高速、关中环线、西咸环线、西延新线、312国道、211国道10条公路交通廊道绿化。该10条公路构成了咸阳市主要的道路网络，通过高质量、多层次绿化，精心打造绿色景观廊道。

多点：即除“一城”外的城镇、村庄、工矿区、风景区绿化，因面积相对较小，多呈点状分布。在各县、市的城市建成区新增公园、广场、游园等绿地面积，提高人均公园绿地面积和绿化质量，拓展绿化空间；在乡镇和村庄开展森林乡村建设，以道路、水系为骨架，串联各点状绿地，构建网络化、多层次的森林体系。

2.6.2 中心城区战略布局

结合《咸阳市绿地系统规划修编(2015—2030年)》“两环、三带、四楔、十园、多线、多点”的中心城区绿地系统布局结构，将中心城区空间布局为“三环、六林、十园、多点”，形成咸阳“林海绵延、绿廊纵横、公园点缀、林水相依”的森林城市特点。其中，“三环、六林”为森林围城绿化空间布局；“十园、多点”为森林进城绿化空间布局。

三环：内环以咸通路绿化带、文林路绿化带、东防洪渠绿化带的门字形防护林带与咸阳湖绿化带组成的小环。中环北以五陵塬森林生态文化旅游带、南以渭河生态景观林带、东以秦汉大道宽幅林带、西以咸平路宽幅林带为主线，实现城市中环绿廊。外环为西北以西咸北环线高速林带、南部以连霍高速和西安绕城高速宽幅林带、东部以包茂高速宽幅林带为主线，形成更大范围的森林围城绿环。

六林：兴北绿林、沣西绿林、双照绿林、空港绿林、秦汉绿林和城西绿林(咸阳湖二期)。

十园：分布在城区的十大市级公园，即咸阳湖公园、千亩绿林、古渡公园、两寺渡公园、丝路公园、沣河绿林公园、植物园、双照绿林公园、厚德公园、城市体育公园。

多点：指点缀于城市中的一部分公园绿地，包括绿色社区、居住区公园、小区游园、主题公园、带状绿地、街旁绿地等。

第3章 咸阳创建国家森林城市实施方案

为加快咸阳生态文明建设，实现创建国家森林城市目标，根据《国家森林城市评价指标》及《陕西省咸阳市国家森林城市建设总体规划》，制定了《咸阳市创建国家森林城市实施方案》。

3.1 战略目标

到2019年年底，对标国家森林城市建设指标，针对咸阳市森林覆盖率北高南低，建成区绿化覆盖率、人均公园绿地面积、街道树冠覆盖率、新建地面停车场乔木树冠覆盖率不达标，市民出门500米休闲游憩绿地数量较少、城市生态文化建设相对薄弱等短板，重点加强城区公园绿地、街头绿地、道路绿化、生态停车场和森林文化体系建设。全市力争建成5个省级森林县城、10个森林小镇、100个森林乡村、20个森林公园、20个湿地公园、100个绿色社区，5大类36项指标达到国家森林城市建设标准，成功创建国家森林城市。

3.2 重点任务

创建国家森林城市工作按照森林生态体系、森林服务体系、森林产业体系、森林生态文化体系、森林支撑体系5个方面进行统筹规划，结合咸阳市实际，综合考虑各项建设内容的特点及空间位置分布等因素，策划整合为“十大重点工程”。创建阶段以“十大重点工程”为抓手，构建林海绵延、绿廊纵横、公园点缀、林水相依的“创森”格局。成立了以市长为组长，市委、市人大、市政府、市政协、军分区、西咸新区管委会分管领导为副组长，各县(市、区)政府、市高新区、大西安(咸阳)文体功能区、市新兴纺织工业园、西咸新区5个新城和市级有关部门主要负责同志为成员的领导小组。领导小组下设办公室。各县(市)区政府、市级各有关部门也成立了相应的工作机构，制定了实施方案。要求各成员单位协调配合，各负其责。市委宣传部负责引导社会舆论，协调各类新闻媒体做好宣传工作；市委市政府督查室负责创建工作的效能督察工作；市发改委负责安排林业工程建设基本项目；市财政局负责市级财政资金的落实、拨付和项目建设资金的监管；团市委、市妇联、市人社局、市编办、市住建局、市城建局、市教育局、市工信委、市卫计局、市环保局、市文广局、市国土局、市统计局、市文物旅游局、市气象局、市林业局、市农业局、市水利局、市交通局、市科技局等其他各成员单位要根据各自职能职责做好相应工作；各县(市、区)政府、市高新区、大西安(咸阳)文体功能区、市新兴纺织工业园、西咸新区5个新城要按年度工作目标任务，协调解决相关问题，落实配套资金，搞好工程建设，按期完成建设任务。

3.3 投入情况

经测算，咸阳市创建国家森林城市2017—2019年总投资43.43亿元。重点工程造林、湿地保护与恢复、自然保护区建设、防火御灾等公益性项目要积极争取中央专项资金和涉林补助以及国际金融组织的林业项目，市、县两级财政部门要积极落实国家及外资项目的配套资金；城市绿地、道路绿化、水岸绿化、水源地绿化、生态文化教育基地、保障性苗圃等项目要积极安排地方财政投入，要在财政资金上对生态建设项目有所倾斜；苗木花卉基地、特色经济林基地、用材林基地、林下经济、森林旅游等具有经济效益的项目，应拓宽资金来源，多途径吸纳社会资金投入森林城市建设。在总投资中，申请中央财政安排5.06亿元，占总投资的11.65%；地方财政安排17.14亿元，占总投资的39.46%；社会投资21.23亿元，占总投资的48.89%。各项目的具体投资由各牵头部门编制项目文本和预算，经市创森办、市财政局审核后下达正式项目计划确定。

3.4 阶段目标

根据创建国家森林城市工作考核验收程序，结合我市工作进展情况，将创建工作分为组织实施阶段、申报验收阶段和巩固提高阶段三个阶段。

3.4.1 组织实施阶段(2017年3月至2019年12月)

一是成立机构。在深入调研的基础上，对照《国家森林城市评价指标》，全面开展城市森林现状调查，编制《陕西省咸阳市国家森林城市建设总体规划》，成立咸阳市创建国家森林城市领导小组及其办公室，印发《咸阳市创建国家森林城市实施方案》，制定《咸阳市创建国家森林城市宣传方案》。

二是分解任务。细化创建任务，明确工作职责，逐项分解落实。定期召开“创森”推进会和现场会，各责任部门和单位要对照目标任务，认真落实规划，精心组织实施，打好三年攻坚战，完成重点区域、重点部位绿化任务，着力提高城市绿化水平，提高森林覆盖率，确保全市范围内城市建成区的绿化覆盖率、人均公园绿地面积和休闲游憩绿地建设数量等指标全面达标。

三是督促检查。做好“创森”的跟踪督查、整改提高及考核评比等工作，抓好“创森”活动相关档案资料的收集整理。

3.4.2 申报验收阶段(2020年1月至2020年12月)

一是自查验收。按照创建目标和标准进行全面自查，完成各项工程资料和考核资料、创建档案资料的收集汇编工作。包括：技术总结报告、城市森林指标体系调查报告、总体工作总结及创建工作主要环节的各类请示、报告、函、会议纪要等；各类林业规划、各类法规等。市创森办在各成员单位自查的基础上，对照有关标准全面开展自查，形成详细的自查验收报告。邀请国家林业和草原局、省林业局领导和有关专家来咸阳市指导创建工作，根据领导及专家意见做好查漏补缺、完善提高“创森”工作。

二是省级验收。完成咸阳市国家森林城市建设宣传片制作、绿化成效画册印制，编写《咸阳市人民政府关于申报国家森林城市的报告》等材料。咸阳市人民市政府向省林业局申报，迎接省级评审组考核验收。

三是国家验收。按照省级验收组意见，下发整改通知，积极落实整改，及时向省林业局报告整改结果，以市政府文件向国家林业和草原局申报，迎接国家评审组考核验收。

3.4.3 巩固提高阶段(2021年1月至2022年年底)

依据本方案及国家检查考核组反馈的意见进行整改，巩固提高咸阳市国家森林城市建设成果。

第 4 章 咸阳创建国家森林城市总体规划

为科学有序推进咸阳国家森林城市建设工作，咸阳市委市政府及早启动国家森林城市规划编制工作。2017 年 4 月，通过政府采购委托国家林业局林产工业规划设计院为编制单位，规划编制团队深入咸阳 13 个县(市、区)和相关市级部门展开广泛细致调研，收集了大量详实的基础资料。结合咸阳城市发展的总体思路，历时 7 个月，编制完成了《陕西省咸阳市国家森林城市建设总体规划(2017—2026 年)》(简称《总体规划》)。提出了“绿染故都、森林咸阳”的“创森”建设定位，2017 年 11 月 25 日，《总体规划》在北京顺利通过了国家林业局专家组评审。2017 年 12 月 22 日提请咸阳市政府常务会审定通过并以市政府名义印发。结合《总体规划》，以市政府办名义制定印发了《咸阳市创建国家森林城市工作方案》，明确了各成员单位任务，确保了国家森林城市工作有序推进。

4.1 实施期限

咸阳创建国家森林城市的规划建设期限为 2017—2026 年，分近期、中期、远期，其中：近期为 2017—2019 年、中期为 2020—2022 年、远期为 2023—2026 年。

4.2 阶段任务

一是近期：达标期(2017—2019 年)。对照“创森”指标，按照总体规划内容，全面启动“创森”五大体系建设。重点做好森林、湿地生态系统的保护以及森林生态系统的营建、优化与管理工作，逐步提升城市的林业经济与生态文化水平，建立项目执行与保障机制，不断提高“创森”活动在公众心中的影响力与认同度，完成“创森”的基础性工作。到 2019 年年底，咸阳森林覆盖率达到 38.80%，各项创建指标均达到《国家森林城市评价指标》的要求，保障既定目标的高质量实现，争取获得“国家森林城市”荣誉称号。

二是中期：巩固期(2020—2022 年)。巩固提高咸阳市森林城市前期建设成果。一方面，对近期实施的工程查漏补缺，进一步提升和完善森林生态系统，使“创森”各项指标均有所提高；另一方面，继续推动“五大体系”建设，加大全市生态建设、资源保护、城乡美化、林产发展、生态文明传播、管理能力提升等工作力度，逐步彰显森林城市的综合效益，使“创森”成果更加惠及广大市民群众。

三是远期：深化期(2023—2026年)。深化森林城市建设已有工作成果，进一步完善森林网络，加强森林管理，提高森林质量，改善生态环境，促进林业经济发展，弘扬生态文明。到规划期末，明显改善咸阳市的生态环境，建成完善的森林生态体系、发达的林业产业体系、繁荣的森林生态文化体系和坚实的森林管理支撑体系，实现国家森林城市建设的总体目标。

4.3 指标对比

在分析咸阳的现状条件、城市特色、“创森”基础、建设目标等基础上，对比国家森林城市评价指标，形成“创森”建设目标(表4-1)。

表4-1 咸阳市森林城市建设指标体系目标

体系	指标名称	国家标准		单位	现状	2019年	2022年	2026年
森林网络	市域森林覆盖率	全市30%，2/3的区(县)达到30%		%	35.94	38.80	40	40.46
	新造林面积	自创建以来，平均每年完成新造林面积占市域面积的0.5%以上		%	1.55	0.95	0.4	0.12
	城区绿化覆盖率	40		%	38.65	40	41	42
	城区人均公园绿地面积	11	中心城区	平方米	10.71	11	11.8	12.5
			兴平市		9.12	11	11.5	12
			武功县		8.07	11	11.5	12
			泾阳县		8.02	10	11	11.5
			三原县		8.29	11	11.4	11.8
			乾县		9.66	11	11.3	11.7
			礼泉县		12.00	12.3	12.6	13
			永寿县		9.35	11	11.5	12
			彬县		11.78	12	12.3	12.6
			长武县		8.90	11	12.3	12.6
			淳化县		10.37	11.5	12.4	12.8
			旬邑县		11.81	11.8	12	12.5
	城区乔木种植比例	60		%	62	65	68	70
	城区街道树冠覆盖率	25		%	26	27	28	30
	新建停车场乔木树冠覆盖率	30		%	/	30	31	32

（续）

体系	指标名称	国家标准	单位	现状	2019 年	2022 年	2026 年
森林网络	城市重要水源地森林植被覆盖率	70	%	74.55	75	76	77
	休闲游憩绿地	城区市民出门 500 米有休闲绿地，郊区建有 20 公顷以上郊野公园		未达标	不断提升城区绿地建设，完善城郊公园建设		
	村屯林木绿化率	集中型 30%，分散型 15%	%	集中型 32.1、分散型 21.5	不断提升村庄绿化率，保持 30% 和 15%以上		
	水岸林木绿化率	80	%	82.14	84	86	88
	森林生态廊道建设	森林、湿地等生态区域建有贯通性生态廊道		达标	确保大型生态绿地之间有贯通性的生态廊道		
	道路林木绿化率	80	%	94.32	95	96	96
	农田林网建设	符合《生态公益林建设 技术规程》要求		达标	符合《生态公益林建设 技术规程》要求		
	防护隔离林带	城市周边、城市组团之间、城市功能分区和过渡区建有防护绿化隔离林带，缓解“城市热岛”、净化污染效应等效果显著		达标	实施森林围城工程，保证城市周边、城市组团之间、城市功能分区和过渡区建有防护绿化隔离林带		
森林健康	乡土树种使用率	80	%	82	83	84	85
	树种丰富度	20	%	18.2	18	18	18
	郊区森林自然度	0.5		0.52	0.53	0.54	0.55
	苗木规格	以苗圃培育的大苗为主，不能从农村和山上移植古树、大树进城		达标	严禁大树进城、移植古树		
	森林保护	申请创建以来，没有发生严重非法侵占林地、破坏森林资源、滥捕乱猎野生动物等重大案件		达标	严厉打击非法侵占林地、破坏森林资源、滥捕乱猎野生动物等行为		
	生物多样性保护	注重保护和选用留鸟、引鸟树种植物以及其他有利于增加生物多样性的乡土植物，营造能够为野生动物生活、栖息的自然生境		达标	注重对动植物及其生境的保护，注重城区树种结构的营造		
	林地土壤保育	积极改善与保护城市森林土壤环境，全面改善与保护林地植被落叶层，减少城市水土流失和粉尘来源		达标	积极改善与保护森林土壤环境，改善与保护林地植被落叶层，减少城市水土流失和粉尘来源		
	森林抚育与林木管理	采取近自然的抚育管理方式，不搞过度的整齐划一和过度修剪		达标	近自然的抚育管理方式，不搞过度的整齐划一和过度修剪		

（续）

体系	指标名称	国家标准	单位	现状	2019 年	2022 年	2026 年
林业经济	生态旅游	加强森林公园、湿地公园和自然保护区的基础设施建设，注重郊区乡村绿化、美化与健身、休闲、采摘、观光等多种形式的生态旅游相结合，积极发展森林人家，建设特色乡村生态休闲村镇		达标	加强森林公园等景区基础设施建设，发展农家乐、森林人家、森林小镇等		
	林产基地	建有特色经济林、林下种养殖、用材林等林业产业基地，农民涉林收入逐年增加		达标	发展地方特色林业产业，切实增加农民收入		
	苗木自给率	80	%	85	85	88	90
森林生态文化	科普场所	在森林公园、湿地公园、植物园、动物园、自然保护区等公众游憩地，设有专门的科普小标牌、科普宣传栏、科普馆等生态知识教育场所		未达标	在森林公园、自然保护区等公众游憩地，增设有专门的科普宣传栏与标识系统；建立参与式、体验式的生态课堂、生态教育基地		
	义务植树尽责率	80	%	90	91	92	93
	每年市级生态科普活动举办次数	5	次	6	8	12	15
	古树名木保护率	100	%	100	100	100	100
	市树市花	已确定市树、市花，并在城乡绿化中广泛应用		达标	在城乡绿化中广泛应用市树市花		
	公众支持度	≥90	%	待建	91	92	94
	公众满意度	≥90	%	待建	91	92	93
森林管理	组织领导	政府高度重视、大力开展城市森林建设，创建工作指导思想明确，组织机构健全，政策措施有力，成效明显		待建	强化“创森”领导小组的领导组织能力，保障森林城市持续建设		
	保障制度	国家和地方有关林业、绿化的方针、政策、法律、法规得到有效贯彻执行，相关法规和管理制度建设配套高效		待建	严格执行相关的法律法规，保证配套的管理制度贯彻落实		
	投入机制	政府主导，多渠道投入，把城市森林作为城市生态基础设施建设的重要内容		待建	将“创森”纳入国民经济发展规划，投入专项资金，并积极融资		
	科学规划	编制《森林城市建设总体规划》，并通过政府审议、颁布实施 2 年以上，能按期完成年度任务，并有相应的检查考核制度		待建	贯彻落实《总体规划》相关工程，待政府审议颁布实施 2 年后申请验收		
	科技支撑	制订了包括森林营造、管护和更新等技术手册，有一定的专业科技人才保障		达标	制定森林营造、管护和更新等技术手册，招聘有一定专业技术的科技人才		

（续）

体系	指标名称	国家标准	单位	现状	2019 年	2022 年	2026 年
森林管理	生态服务	市政府财政投资建设的森林公园、湿地公园以及各类城市公园绿地全部免费向公众开放		待建	免费向公众开放各类财政投资建设公园，并鼓励个人公园、庄园向公众免费开放		
	生态监测	开展城市森林生态功能监测，准确掌握和核算城市森林生态功能效益		待建	持续开展森林生态功能监测		
	档案管理	城市森林资源管理档案完整、规范。城市森林相关技术图件齐备，实现信息化管理		待建	及时整理、归档相关文件，建设信息化管理平台		

1.4.4 投资概算

依据相关规定标准，经估算，咸阳国家森林城市建设总投资为 1146864.01 万元，各项工程投资估算见表 4-2。其中，近期（2017—2019 年）投资 434263.51 万元，占项目总投资的 37.87%；中期（2020—2022 年）投资 425026.39 万元，占项目总投资的 37.06%；远期（2023—2026 年）投资 287674.11 万元，占项目总投资的 25.07%。

表 4-2 咸阳市国家森林城市建设投资估算 万元

建设内容	序号	项目名称	总投资	近期	中期	远期
森林生态体系	1	森林围城进城工程	609599.50	210677.30	208820.50	190101.70
	2	森林乡村工程	31108.00	9522.40	9722.40	11863.20
	3	绿色廊道工程	57390.12	24578.76	17806.08	15005.28
	4	景区绿化工程	12712.50	6525.00	3330.00	2857.50
	5	森林增量提质工程	66243.94	20137.08	23465.62	22641.24
	6	生物多样性保护平台	6500.00	4190.00	1240.00	1170.00
	小计		783554.06	275630.54	264384.60	243638.92
森林服务体系	1	绿道建设	1000.00	1000.00		
	2	生态标识系统建设	176.80	176.80		
	小计		1176.80	1176.80		
森林产业体系	1	苗木花卉产业建设	217666.25	109333.05	108333.20	
	2	特色经济林基地建设	35068.52	13839.02	12194.45	9035.06
	3	森林旅游基地建设	2200.00	1200.00	1000.00	
	4	林下经济产业建设	38742.00	11703.80	14835.80	12202.40
	小计		293676.77	136075.87	136363.45	21237.46
森林生态文化体系	1	生态文化基地设施建设	25064.09	8362.62	8463.42	8238.05
	2	生态文化保护与传播	1450.00	435.00	435.00	580.00
	小计		26514.09	8797.62	8898.42	8818.05

（续）

建设内容	序号	项目名称	总投资	近期	中期	远期
森林支撑体系	1	森林防火	9000.00	2700.00	2700.00	3600.00
	2	林业有害生物防治	900.00	270.00	270.00	360.00
	3	林业科技研究与应用推广	1500.00	450.00	450.00	600.00
	4	林政资源管理	1900.00	570.00	570.00	760.00
	5	林业信息化建设	670.00	201.00	201.00	268.00
	小计		13970.00	4191.00	4191.00	5588.00
工程管理、规划设计等其他费用			27972.29	8391.69	11188.92	8391.69
总计			1146864.01	434263.51	425026.39	287674.11

4.5 保障措施

4.5.1 政策保障

一是纳入地方发展和年度公共财政预算。咸阳创建国家森林城市应与城市建设总体规划紧密结合。在森林城市创建过程中，要与城市建设总体规划中确定的城市发展方向、空间布局、土地利用性质相一致，保证森林城市建设布局合理，工程可行。同时，森林城市建设是一项关系到城市未来经济、社会、生态协调发展的基础性工程，咸阳市应将森林城市建设中的主要目标、建设内容纳入城市国民经济发展总体规划，将森林城市建设中的重点工程项目列入政府公共财政预算，切实做到生态保护和建设贯穿于经济社会发展的全过程。

二是完善相关法律法规。建设国家森林城市需要加强政策支持，完善质量检测体系和技术规范，进一步落实森林城市中的资金投入、土地使用、农民权益、管理权属、资源保护、法律责任等重大问题，逐步形成以国家法律法规为依据，地方性规章制度相配套的法制体系。同时，深入宣传《中华人民共和国森林法》《中华人民共和国野生动物保护法》《中华人民共和国种子法》《退耕还林条例》《植物检疫条例》《森林病虫害防治条例》《森林防火条例》等林业法律法规，严禁非法排放污染物、乱砍滥伐林木、乱捕滥猎野生动物和毁林开垦、非法征占林地等违法活动，确保森林资源持续稳定增长。

4.5.2 组织保障

一是成立“创森”指挥机构。成立咸阳市创建国家森林城市工作领导小组，由市长任组长，由住建、城建、国土、财政、林业、环保、水利、交通、高新区、文体功能区、新兴纺织工业园等部门和各县(市、区)政府主要负责人为成员。领导小组下设办公室，办公室设在林业局，负责具体事务，抽调工作人员，明确分工和职责，积极组织开展创建工作。健全各级领导机制，切实加强组织领导，把森林城市建设纳入当地经济社会发展轨道，列入地方党委、政府的重要议事日程，统一认识，协调行动，将创建国家森林城市作为提升城市生态承载力、推进城市快速发展的重大举措，精心组织、精心策划。

二是强化部门协作，明确责任主体。在市委市政府的统一领导下，各区、县、市及相关职能部门在创建国家森林城市指挥小组的领导下，强化部门合作，对重大事项统一部署，综合决策，协调各区、县及乡镇之间的联系，研究解决建设中的重大问题，形成分级管理，上下联动，良性互通的推进机制。

三是建立考核奖惩制度。将森林城市建设工程实施纳入各级政府年度目标责任考核指标体系，制定相应的考核管理办法，每年对各级单位"创森"工作进行全面的跟踪考核。考核结果作为评价各区、县及相关部门领导工作业绩的重要依据，并根据考核结果建立有效的奖惩制度，确保国家森林城市创建工作务实有序推进。同时，建立新闻报道和媒体宣传制度，增强"创森"工作的透明度，让市民了解工作进程，参与监督，确保"创森"工作如期完成。

4.5.3 资金保障

一是加大资金筹措力度。不断探索建立稳定、多元化的森林城市建设筹资机制，积极探索社会参与的投融资机制，发挥政府投资的带动作用，引导社会各界参与"创森"工作。森林城市建设中有大量社会公益性项目如公益林管护、次生林抚育、湿地保护与恢复、自然保护区建设、森林防火预警监测等，应积极争取国家和陕西省的专项资金和涉林补助。而具有明显经济效益的建设项目，如林苗两用林、花卉苗木基地、经济林基地、林下经济，以及森林公园、湿地公园、文化场馆等允许开展经营活动的项目或区域，应拓宽资金来源，采取招商引资、林权交易、合作经营等方式，多途径吸纳社会资金，确保"创森"工作有序开展。

二是完善资金管理控制制度。各部门和各单位应完善资金管理控制制度，规范重点工程资金的使用管理，开展重点工程基本建设资金和财政专项补助资金绩效评价工作，切实提高资金的使用效益。财政和审计部门要加强监督、检查，严禁任何单位和个人以任何理由和形式挤占和挪用建设资金。

4.5.4 建设保障

一是提升建设管理水平。国家森林城市建设既是一项重大的生态工程，又是一项重要的惠民工作，工程建设要求高标准、高起点、高水平。因此咸阳市要坚持高位推动。咸阳市领导小组要经常过问"创森"工作，分解工作任务并及时解决困难问题；坚持部门互动，依靠创森办穿针引线，积极动员各相关部门、社会团体，根据各自职能，形成合力。坚持上下联动，形成城市乡村同抓共管、群众广泛参与的良好局面。

二是加强人才队伍建设。围绕林业建设的质量和效益，实施人才战略，实现科教兴林。加强林业科技体系建设，积极引进林业科技人才，稳定林业科技队伍，切实加大对林业干部职工的培训力度，提高全市林业工作者的整体素质。积极开展科技下乡活动，加强对林农、果农的培训。重视林业高新技术应用，提高林业的创新能力，为林业发展提供科技支撑。抓好野外重点观测台站、林业数据库和林业信息网络建设。大力发展数字化林业，加大"3S"技术的应用，实现林业现代化管理。

三是实行工程监管。工程建设质量是国家森林城市创建的关键环节，咸阳市应严格规范工程管理，做好项目建设的指导工作，加强项目建设前期的调查研究，严格按照环境保护的相关要求实施，避免项目建设对环境造成影响。项目建设时要严格按照总体规划开展，按照工程进度安排资金，按照工程效益进行考核，对整个项目实施过程实施动态管理，保证工程质量。

4.5.5 科技保障

一是强化科技支撑。围绕森林城市建设的需要，开展科学技术成果专项研究，加强对林木新品种选育、林业有害生物防治、森林资源生态监测、林业信息化管理等关键技术的研究和开发，并在“创森”过程中组织科技人员深入基层，广泛开展技术指导和咨询，加强先进技术的推广应用，为森林城市建设提供强有力的科技支撑。

二是加强科技成果转化。充分调动广大林业科技人员与科研单位合作的积极性，推进国际与国内合作交流，促进林业科技成果转化，提高林业发展的科技贡献率。与高等学府、科研院所建立合作机制，引进复合型人才，健全人才激励机制，深化人事制度改革，促进人才的合理流动。做好技术人员的技术培训工作，切实提高技术人员的工作能力。

4.5.6 宣传保障

创建国家森林城市需要全社会共同参与。各部门和单位要充分发挥作用，积极支持参与国家森林城市创建工作。通过各种宣传手段和渠道向社会征集摄影作品、“创森”宣传口号等，大力宣传咸阳市国家森林城市建设。加强新闻媒体宣传，通过电视、报纸、网络等新闻媒体广泛宣传近年来林业生态建设的成果和“创森”进程；在全市公众场所、交通干道、主要出入口设立户外宣传牌匾，利用公共交通工具及其他公用设施等开展“创森”宣传，提高知晓率。不断提高全社会的生态文明、生态安全意识，为“创森”工作营造良好的社会氛围。

第5章 咸阳创建国家森林城市十大工程解析

结合国家森林城市总体规划的城市建设规划和绿化空间布局，咸阳市确立了森林围城进城、绿色廊道、森林乡村、景区绿化、湿地公园、森林公园、苗木花卉、森林增量提质、森林生态文化建设、资源安全能力“十大工程”，并以咸阳市政府办名义印发了《2017—2021年咸阳市创建国家森林城市十大工程任务的通知》，按照总体规划和年度计划任务，将创建工作落实到具体工程项目。要求各县(市、区)、市级部门按照规划，以“十大工程”为抓手，周密部署，细化措施，稳步推进各项创建工作。

5.1 森林围城进城工程

按照咸阳“三城两带”总体规划，南以渭河生态景观林带，北以五陵塬森林生态文化旅游带，东以秦汉大道宽幅林带，西以城西快速干道及咸兴大道宽幅林带为主线，实现森林围城。实施森林进城工程，建设咸阳湖二期、丝路公园、人民广场、高铁秦都站站前广场、文化宫广场、城西快速干道、咸兴大道、珠泉公园、细柳公园、咸阳植物园、北阪林苑、芝冠公园、厚德绿地、空港花园等一批城区增绿工程，广泛种植常绿、彩叶树种，形成三季有花、四季常青，乔、灌、花卉错落有致的景观效果，实现森林进城。广泛动员单位和社区实施屋顶绿化、垂直绿化、阳台绿化和庭院绿化，在全市建成100个绿色社区，着力促进“身边增绿”。

5.2 绿色廊道工程

按照“路路见树，树下有花”的要求，实施旬铜高速林带绿化，高速林带补植补造，巩固提高连霍、包茂、福银、西禹、咸旬、西咸北环线等市域内高速公路绿化成效。对咸兴大道、312国道永寿段生态景观长廊等300公里道路进行全面绿化。继续实施“林下花”工程。建设渭河近堤景观林带6公里，泾河两岸防护林带30公里。

5.3 森林乡村工程

以乡村振兴战略为引领，按照“村在林中、院在绿中、人在景中”的要求，在全市重点村建设片状森林。新建森林乡村 100 个，森林小镇 10 个。

5.4 景区绿化工程

对五陵塬森林生态文化旅游带进行整体规划设计，建设西起茂陵东至阳陵，东西长约 40 公里、南北宽约 3 公里，规划面积约 19 万亩的苗木花卉生态观光带。对乾陵、昭陵、兴平莽山、旬邑马栏、长武亭口水库周边及老龙山等景区进行全面绿化。

5.5 森林公园工程

结合咸阳国有林场改革，为旬邑石门林场、旬邑马栏林场、淳化英烈林场、乾县乾陵风景林场、乾县五峰山林场、礼泉柏峰林场、三原嵯峨山林场、永寿槐坪林场、长武红星林场、彬县西庙头林场、泾阳北仲山林场等 11 个国有林场加挂森林公园牌子，实行“两块牌子、一套人马”的管理模式。建成咸阳沣河森林公园、咸阳丝路森林公园、咸阳两寺渡森林公园、西咸秦汉森林公园、兴平城北森林公园等 20 个森林公园。同时，加强对旬邑石门山自然保护区、淳化爷台山自然保护区、永寿翠屏山自然保护区等 3 个自然保护区的保护力度。

5.6 湿地公园工程

按照“保护优先、科学恢复、合理利用、持续发展”的原则，巩固完善提高旬邑马栏河国家湿地公园、淳化冶峪河国家湿地公园、三原清峪河国家湿地公园建设成果。在旬邑马栏河国家湿地公园营建挺水植物、防护林以及配套设施。实施好礼泉甘河国家湿地公园试点建设。编制《泾阳泾河国家湿地公园建设规划(2018—2020 年)》，建设 15 个市级湿地公园。

5.7 苗木花卉工程

全力打造五陵塬、渭河北岸等苗木花卉产业带，做好生产培育与销售交易、一二三产、“请进来”与“走出去”、经济效益与生态效益 4 个融合，政府提供土地、资金、技术、基础设施 4 项支持和服务。发展壮大秦都华夏农业生态文化产业园、渭城鲜切花交易市场、张裕瑞那城堡酒庄、西部芳香园、北京花木园区、正阳现代农业园区、周陵田园居等苗木花卉基地。

5.8 森林增量提质工程

依托三北防护林工程、退耕还林工程、天然林资源保护工程等林业重点工程以及杂果经济林、森林抚育等重点项目，大力开展造林绿化工作，全面提高荒山造林质量和森林经营水平。全年完成营造林90万亩，完成森林抚育30万亩，退化林分修复3万亩，新建或改造以核桃为主的干杂果经济林18万亩，建设油用牡丹2万亩。

5.9 森林生态文化建设工程

在兴北绿林、元宝枫种质资源圃、文冠果种质资源圃、旬邑县马栏河国家湿地公园、淳化县冶峪河国家湿地公园、三原县清峪河国家湿地公园、咸阳植物园、咸阳湖等建设生态科普宣教馆(站、中心)，结合“科技之春”“爱鸟周”“湿地日”“植树节”“市树市花评选”等主题活动，大力开展生态文化展示活动和森林城市宣传活动，弘扬生态文明，提高市民知晓率、支持率和满意度。

5.10 资源安全能力工程

邀请全国知名森林防火专家进行森林防火知识专题讲座。投资1061万元在旬邑县实施森林防火远程视频监控系统项目。申报投资3590万元，在永寿、彬县、长武、淳化4县建设森林火险区综合治理项目。进行一次有规模的林业有害生物普查。结合国有林场改革，加强乾县五峰山、彬县西庙头、泾阳北仲山、礼泉柏峰、旬邑马栏、旬邑石门、淳化英烈等国有林场基础设施建设。

国家森林城市创建与评价研究

咸阳创建国家森林城市的方法与实践

创建篇

第6章 咸阳创建国家森林城市总体任务完成情况

为进一步落实习近平总书记关于着力开展森林城市建设的指示精神，坚持“让森林走进城市、让城市拥抱森林”的宗旨，创森期间，咸阳市深入践行“绿水青山就是金山银山”理念，立足咸阳市的自然山水禀赋、历史人文积淀、人居环境需求和城市发展方向，结合林业和生态建设特点，以及森林城市建设要求，以林海绵延、绿廊纵横、公园点缀、林水相依为国家森林城市格局，围绕“绿染故都、美丽咸阳”的“创森”建设定位，精准发力森林围城进城、森林乡村、绿色廊道、景区绿化、森林增量提质、生物多样性保护、森林康养基地建设、绿道建设、生态标识系统建设、苗木花卉产业、特色经济林基地建设、森林生态旅游、林下经济产业、生态文化基础设施建设、生态文化保护与传播、森林防火、林业有害生物防治、林业科技研究与应用推广、林政资源管理、林业信息化建设20项重点工程，全面推进森林城市建设，基本实现“北部山地森林化、中部旱塬果林化、南部平原园林化”的绿化战略，形成了“一城、两河、三区、十线、多点”的绿化总体布局。

6.1 任务完成情况

咸阳市在国家级森林城市创建期，共计投资81.11亿元，完成了规划投资的190.46%。各类工程实施总面积251335.35公顷，完成了规划的166.54%；建设绿道、道路总长度1541.71公里，完成规划的100.25 %；建设各类生态示范基地、监测站点2841个，完成规划的104.64%。

2020年，咸阳市完成道路、水系、绿道等建设109.50公里，完成森林围城进城、景区绿化、森林增量提质等建设38778.19公顷。中期项目建设工作的稳步开展，使国家森林城市成果得到有效保障。

6.1.1 森林围城进城工程

6.1.1.1 目标任务

一是森林围城。中心城区森林围城是在城市外围，着眼于区域大环境绿化，利用自然地理条件和路网、水网建设绿化带，增强对中心城区绿化的支持，保障城市生态安全。新建绿化面积300公顷。县城森林围城是在各县城建成区外围、功能区组团之间，利用自然资源较好的用地规划布置绿色核心集聚区，形成城市绿环，增强对建城区绿化的支持，保障城市生态安全。在各县、市城区外围建设环城绿带，共计559公顷。

二是森林进城。中心城区森林进城规划新建公园绿地100.74公顷、防护绿地300公顷、附属绿地200公顷。到2019年年底，城区绿化覆盖率达40%，人均公园绿地面积达到11平方米以上，市民出门"300米见绿、500米见园"；乔木种植面积占绿地总面积的65%以上，乡土树种数量占全部绿化树种使用数量的83%，街道树冠覆盖率达27%以上；新建地面停车场乔木树冠覆盖率达30%。县城森林进城，结合各县(市)城市总体规划和绿地系统规划，合理布局建成区内各类绿地，优化绿化格局，丰富树种种类和组成，融入文化内涵，突出区域特色，建成分布均匀、功能完善、具有地方特色的森林生态体系。新增绿地面积1066.75公顷，新增公园绿地389.01公顷。到2019年年底，各县、市绿化覆盖率平均达到40.11%，人均公园绿地面积为11.21平方米。

三是绿色社区建设。充分挖掘闲置地、后备绿地资源，以植物造景为主，丰富空间景观，建设绿色社区100个。

6.1.1.2 森林围城进城工程

2017—2019年，咸阳市共计投资347714.77万元，实施森林围城进城项目。完成建设面积4182.17公顷，建设完成率165.53%，超额完成规划目标；建设绿色社区100个，完成规划目标。各二级工程全部达到或超过规划，其中森林围城项目超额最多，达到了规划的256.13%。2020年，在国家森林城市中期建设的第一个年度，继续完成森林进城项目520.03公顷，其中咸阳行政区划范围内增加134.78公顷，其他为沣西等4个新城建设项目。

一是森林围城。中心城区森林围城，咸阳市中心城区森林围城建设项目在超额完成规划内容的前提下(完成率265.17%)，额外增加建设面积353.85公顷，该项目共计投资31219.30万元，完成中心城区中环、兴北绿林、内外环、城西绿林等建设内容共计1149.35公顷，完成量是规划目标的3.83倍。通过在中心城区内部和周边连接现有的路网、水网林带，整体上形成了"三环六林"的绿化结构。县城森林围城。咸阳市各区(县)在2017—2019年共计投资26897.47万元，在城区外围建设环城绿带1050.77公顷，建设量达规划的187.97%，超额完成规划目标。

二是森林进城。咸阳市中心城区在国家森林城市初期投资105204.5万元建设公园绿地297.37公顷；投资37879.00万元建设防护绿地307.60公顷；投资34510.00万元，建设附属绿地227.00公顷。在规划公园外增建了两寺渡公园、咸阳湖二期等9处公园绿地，新增面积252.19公顷，工程总量达规划目标的295.19%。通过3年的建设，中心城区目前公园面积已达2438.54公顷，绿化覆盖率45.19%，人均公园绿地面积14.92平方米。县城森林进城。到2019年年底，咸阳市各县、市利用各自优势和地理特征，根据城市总体规划发展布局，因地制宜开展各类城区内绿地建设。投资45017.00万元建设各类公园451.11公顷，完成规划工程量的115.96 %；投资66487.50万元建设其他绿地698.97公顷，完成规划量的103.13%，各区(县)均完成规划任务。2020年，各县继续加强公园建设，净增公园及其他绿地面积133.13公顷。

三是绿色社区建设。咸阳市在国家森林城市期间投资500万元建设居住区附属绿地，增加居住区绿化面积、美化住区环境、完善基础设施，为居民提供了观赏游览、休憩娱乐、文化健身、防灾避险的活动场所。截至2019年年底，完成建设绿色社区100个，100%完成规划目标。

6.1.2 森林乡村工程

一是目标任务。巩固扩大创建全国绿化模范城市成果，开展森林小镇、森林村庄建设，初步形成城市森林化、城区园林化、通道林荫化、农村片林化的城乡一体化新格局。以创建"绿色村庄、绿色庭院、绿色道路、绿色校园、绿色单位、绿色县城"为主题，着力构建分布均衡、结构合理、环境优美的城镇园林绿地系统，推动经济社会与生态文明协调发展。高标准建设10个森林小镇，62个森林村庄，平均每个镇驻地增加绿地面积5公顷，每个村庄增加绿地面积3公顷，即2260.80公顷绿地。

二是实施完成情况。咸阳市在国家森林城市初期遵循"产业兴旺、生态宜居、乡风文明、治理有效、生活富裕"的总体要求，通过建设围村林、庭院林、公路林、水系林等四旁绿化，实施森林小镇及森林村庄建设工程。各区(县)投资2163.50万元建成森林小镇10个，建设面积1252.00公顷，足额完成规划任务；投资1667.01万元建成森林村庄76个，建设面积1144.47公顷，完成规划建设数量的122.58%。通过建设，咸阳市乡村已形成"村在林中、院在绿中、人在景中"的新风貌，实现了将绿色福利与人民群众共享。

2020年，新增乡村绿化面积290.69公顷。

6.1.3 绿色廊道工程

6.1.3.1 目标任务

一是道路绿化。提升高速公路、国省道、县乡道和乡村道路的绿化档次和品质，提升道路沿线森林景观效果。新建道路绿化带453.64公里，折合面积844.98公顷；完善道路绿化带508.65公里，折合面积446.61公顷。

二是水系绿化。开展水岸绿化，充分利用水岸沿线的可造林地块建设防护林带，并衔接周边的道路林网，形成贯通全境的绿色网络，新建水系绿化带211.55公里，折合面积1508.33公顷；完善水系林带100.67公里，折合面积286.38公顷。同时，绿化水源地/库岸400公顷。

6.1.3.2 实施完成情况

咸阳市在创建国家森林城市期间共计投资11945.00万元建设绿色廊道1274.51公里，建设面积3086.30公顷，道路与水系两项二级工程无论建设长度还是建设面积均达到规划目标要求。2020年度，继续实施中期建设项目，完成道路水系绿化97.10公里。

一是道路绿化。咸阳市道路绿化以高大乔木、常绿树种为主，在优化已绿化路段树种配置的同时不断增加辖区内可绿化路段绿量，100%按照规划建设道路绿化带，3年来共计新建、扩建道路绿地453.64公里，建设面积844.98公顷；完善508.65公里，建设面积446.61公顷。2020年继续完善连霍高速、关中环线等路段65.5公里。

二是水系绿化。咸阳市充分利用渭河、泾河、东庄水库、亭口水库等水岸沿线，建设防护林带，各区(县)共计投资 10330.00 万元，按照规划目标要求，新建防护林 211.55 公里，建设面积 1508.33 公顷；完善原有林地 100.67 公里，建设面积 286.38 公顷，100%完成规划任务。2020 年继续建设礼泉泔河、旬邑县马栏河、彬州市泾河等水岸绿化 31.60 公里。

6.1.4 景区绿化工程

一是目标任务。完成西汉 9 处陵区及唐昭陵、乾陵、马栏革命旧址、永坪古镇、郑国渠遗址公园、龙泉公社、大佛寺景区、爷台山战地旧址、老龙山景区等旅游景区的全面绿化，新增景区绿化面积 1450 公顷。

二是实施完成情况。咸阳市历史景区众多，2017—2019 年间共投资 24805.47 万元，对市内景区实施全面绿化，新增绿化面积共计 1511.24 公顷，投资完成率 380.16%，建设完成率 104.22%。各区(县)建设情况略有差异，“创森”期间，规划内重点景区共投资 3407.89 万元，新增绿化面积 1046.07 公顷。2020 年中期项目建设期间，新增绿化面积 225.28 公顷。

6.1.5 森林增量提质工程

6.1.5.1 目标任务

一是三北防护林工程。三北防护林建设工程发展油用牡丹、核桃、文冠果等特色林业产业，建设优质经济林基地，发展林药、林禽、林苗等特色林下产业。实施荒山造林 5580 公顷，封山育林面积 9630 公顷。

二是天然林资源保护工程。天然林资源保护工程在天然林片区人工造林 3300 公顷，以加强关中腹地生态屏障为目标，继续管护好现有森林，建立结构稳定、功能完善的森林生态系统。实施退耕还林工程 2000 公顷，同时，依托退耕还林工程重点发展经济林和林下经济，拉长林业产业链，优化农村产业结构，促进农民增收。

三是中央财政造林补贴试点项目。在宜林荒山荒地、迹地造林 1733 公顷，有效提高全市森林覆盖率，充分发挥生态作用。低产低效林改造项目改造低产低效林 7914 公顷，以提升低效杂果林产量和质量，增加林农收入。

四是退化林分修复项目。以防护林为主要对象，通过更新改造、提质增效、抚育改造 3 种主要修复模式，修复退化林分 4600 公顷。森林抚育项目抚育中幼林 20099.90 公顷，培育健康稳定的森林生态系统，促进林业生态的可持续发展。

6.1.5.2 实施完成情况

咸阳市在创建国家森林城市初期的 3 年间，共计投资 30464.00 万元实施森林增量提质工程，建设面积总计 98184.34 公顷，完成了规划建设量的 178.98%，各项二级工程均超额完成规划任务。

2020 年，咸阳市持续开展森林增量提质建设，完成建设面积 37426.69 公顷。其中，三北防护林 7499.99 公顷，天然林资源保护 3233.33 公顷，中央财政造林补贴试点项目 5200.00 公顷，低产低效林改造 5654.70 公顷，退化林分修复 800.00 公顷，森林抚育 15038.67 公顷。

一是三北防护林建设。咸阳市在创建国家森林城市初期的3年间，共计投资6700.00万元实施三北防护林建设20073.34公顷。其中，荒山造林面积6406.70公顷，完成规划任务的114.82%；封山育林面积13666.64公顷，完成规划任务的141.92%。

二是天然林资源保护工程。3年间咸阳市共投资2820.00万元实施天然林资源保护，人工造林面积达6853.40公顷，建设总量是规划目标的207.68%，实现了森林面积和蓄积量“双增长”，为经济社会可持续发展提供坚实的资源基础。

三是退耕还林工程。2017—2019年咸阳市各区(县)在巩固好现有退耕还林地和荒山造林的基础上，认真落实退耕还林第二轮补助政策兑现工作，强化退耕还林工程质量管理；积极实施国家新一轮退耕还林工程，切实巩固已有退耕还林成果。投资7180.00万元，实施退耕还林面积达3063.60公顷，完成了规划目标的153.18%。

四是中央财政造林补贴试点项目。咸阳市投资4080.00万元，在宜林荒山荒地、迹地造林13600.00公顷，不仅有规划任务的各区(县)超额完成目标，另有旬邑县额外增加建设4666.67公顷，使得实际建设面积达规划建设量的7.85倍。

五是低产低效林改造项目。咸阳市以核桃、油用牡丹、花椒等干杂果林为主要对象，投资808.00万元，改造低产低效林8080.00公顷。各区(县)完成情况虽有不同，个别地区未达到规划目标，但由于永寿县、彬州市、淳化县三地超额完成，咸阳市低产低效林改造建设任务总量已达标，达到规划建设量的102.10%。

六是退化林分修复项目。咸阳市在国家森林城市初期对退耕还林工程进行了适当调整，泾阳县、三原县、乾县、礼泉县建设任务后延，适当增加其他区县建设量。三年来，咸阳市共计投资3160.00万元，完成退化林分修复10534.00公顷，建设总量是规划目标的229.00%。

七是森林抚育项目。3年来，咸阳市共计投资5716.00万元，抚育中幼林35980.00公顷，建设完成率179.01%，优化了林分结构，促进了林木生长，提高了森林质量。

6.1.6 生物多样性保护工程

一是目标任务。改造、新建森林公园26754.60公顷，续建、新建湿地公园7470.89公顷，完善现有自然保护区、湿地公园、森林公园内基础设施、科研监测设施、解说、标识系统，进一步提升咸阳市的生物多样性保护能力，使重要物种、生态敏感和脆弱区及典型生态系统得到有效保护，公众的生物多样性保护意识得到普遍提高。

二是实施完成情况。咸阳市通过建设森林公园、湿地公园实施生物多样性保护工程，2017—2019年两项工程共计投资121800.84万元，建设面积达33292.16公顷。

咸阳市在创建国家森林城市期间，投资430万元，对石门山国家森林公园、乾陵森林公园、翠屏山森林公园提升改造，改造面积9910.60公顷，100%完成规划任务。投资68022.17万元新建昭陵省级森林公园及兴平城北森林公园、咸阳市城市体育公园等13处市(县)级森林公园，新建面积26754.60公顷，100%完成规划任务。

咸阳市投资53348.67万元建设湿地公园6537.56公顷，包括续建4所国家级湿地公园；新建2所国家级湿地公园；新建规划内市(县)级湿地公园9所；新建规划外市(县)级湿地公园4所。

6.1.7 森林康养基地建设工程

一是目标任务。依托旬邑马栏山、石门山等丰富的森林资源，在现有森林康养基地建设的基础上，开拓森林休闲空间，通过森林中空气负氧离子对人体生理活动产生影响，使游客在森林中得到放松，全身得到良好的调节，感到轻松、愉悦、安逸。

二是实施完成情况。咸阳市在 2017—2019 年投资 1401.32 万元建设旬邑马栏山森林休闲康养地、旬邑石门山森林休闲康养地等 5 处康养基地。各基地结合自身特点，将旅游、休闲、养生、娱乐、运动、医疗等理念融入森林资源，新建基础设施、丰富基地景观、完善基地功能，完成了规划目标。

6.1.8 绿道建设工程

一是目标任务。提升、改造现有绿道基础设施和景观绿化效果，建设惠民便民、生态环境优美、低碳节能的城市绿道，形成以绿化为特征，以自然生态系统为基底，串联成网的绿色开敞空间和群众运动休闲的慢行系统。

二是实施完成情况。咸阳市在 3 年间共计投资 4202.98 万元建设城市绿道 267.20 公里，建设完成率 101.48%。市区绿道、县区绿道均足额完成规划目标。2020 年，新增沣西新城新河绿道、沣泾大道(乐华路—沣泾立交)、高泾大道(正阳大道—西铜铁路以东 500 米)12.40 公里。投资 380.00 万元，对现有市区绿道提升、改造、新建，3 年间已按规划量 100%完成建设任务，建设长度 115.30 公里。

咸阳市各县(区)主要是在现有绿道基础上进行提升，3 年间共投资 3822.98 万元，提升绿道长度 151.90 公里，完成规划任务的 102.64%。

6.1.9 生态标识系统建设工程

一是目标任务。在建设公园绿地、生态文化科普教育基地、义务植树基地、纪念林基地的同时，配套生态标识系统，为游客提供宣教、科普及导向等服务，并在城乡居民集中活动的场所，建设森林城市生态科普、生态导向等标识系统，大力宣传森林城市建设和生态文明。规划咸阳市国家森林城市生态标识系统总体构架，包括国家森林城市整体 LOGO 形象系统、森林城市生态文化科普宣教标识系统、森林城市生态导向标识系统 3 大类。

二是实施完成情况。咸阳市在创建国家森林城市初期，投资 146.20 万元进行生态标识系统建设，在石门山国家森林公园、乾陵森林公园、翠屏山森林公园等 43 处森林公园、湿地公园增加说明地图类生态导向标识 217 个、指向类生态导向标识 1418 个、生态文化宣传标识 874 个。

6.1.10 苗木花卉产业工程

一是目标任务。新建苗木花卉生产基地共 21866.61 公顷以上。把发展苗木花卉产业与发展特色现代农业、发展生态旅游、新农村建设和脱贫攻坚有机结合，加快推进苗木花卉产业发展，实现苗木花卉产业布局区域化、生产规模化、生态规模化、产品标准化、管理规范化，促进一、二、三产业深度融合。依托现有苗木花卉产业基础，创新发展模式，着力打造“关中苗木花卉基地”，搭建苗木花卉及林特产品网上销售平台，促进咸阳市苗木花卉产业发展。

二是实施完成情况。2017—2019 年，咸阳市按照“尊重规律、因地制宜，政府引导、市场主导，龙头带动、扶优扶强，产业融合、集约发展”的原则，充分发动社会力量，投资 131024. 35 万元建设花卉苗木基地。各区(县)发挥各自所长，建设桂花、樱花、女贞、皂角等不同种类苗木基地，全市实际建设总量达 23896. 00 公顷，超额规划 2030. 00 公顷，圆满完成规划任务。

6. 1. 11 特色经济林基地建设工程

一是目标任务。结合基地建设，以长武县、彬州市、永寿县、旬邑县为重点，积极培植名特优新经济林基地；以泾阳县、三原县、乾县、礼泉县为重点，积极培养以干杂果和水果为主的特色经济林基地；以兴平市和武功县为重点，积极培养以木本油料和时令水果为主的特色经济林基地。规划近期共新建各类经济林基地 7900. 00 公顷，改造 3975. 33 公顷。

二是实施完成情况。咸阳市在 2017—2019 年共计投资 43133. 03 万元，建设经济林基地 18506. 43 公顷，完成了规划建设的 155. 83%。其中新建经济林 13193. 09 公顷，建设完成率 166. 98%；改造经济林 5313. 34 公顷，建设完成率 133. 66%。

6. 1. 12 森林生态旅游建设工程

一是目标任务。依托全市森林公园，大力发展森林旅游业。加速和深入开发森林生态服务、森林旅游服务和其他森林服务产品，激活以森林旅游服务为核心的林业第三产业；对咸阳市森林旅游资源的整体保护与开发进行高端策划、顶层设计，打造生态文明战略高地；发掘和整合全市森林旅游资源，依托现有森林旅游项目，加快以森林公园、自然保护区、湿地公园旅游为主体的生态旅游产业发展步伐。

二是实施完成情况。咸阳市在 2017—2019 年，共计投资 44746. 00 万元按规划实施了森林生态旅游业建设工程。依托城北森林公园、十里荷香湿地公园、仲山森林公园等自然生态资源，以生态旅游观光或湿地体验为主题，营建景观林，完善基础设施和服务功能，丰富景区旅游内容，营造生态休闲空间；依托龙泉公社、茯茶小镇等乡村、农业资源，在现有乡村旅游发展的基础上，开展生态旅游，建设关中民俗旅游圈；依托乾陵、昭陵、大唐丝绸之路风情小镇等历史文化景区，以深度挖掘文化内涵、立体展示文化精髓、聚力增强产品竞争力、巩固提升品牌影响力为重点，加强基础设施建设及生态景观绿化，打造汉唐帝陵历史文化旅游带。

6. 1. 13 林下经济产业工程

一是目标任务。按照“近期得利、长期得林、远近结合、农林并进、协调发展”的建设思路，发展林下经济 5851. 90 公顷，努力提高土地资源的利用率，促进农民致富。

二是实施完成情况。2017—2019 年的 3 年间，咸阳市共计投资 8221. 88 万元，发展林下经济 5901. 90 公顷，各区(县)结合地区特点，建立了以生态防护林为主体，饲草业、中药材、食用菌、养蜂业、养殖业协同发展的生态经济型林业体系，除100%完成了规划内任务外，另有礼泉县以林禽、林药为主要发展模式，新增林下经济50.00公顷。全市建设完成率100.85%，通过多模式的经营，极大程度提高了土地利用率。

6.1.14 生态文化基础设施建设工程

一是目标任务。生态文化科普教育基地建设：在已批复的生态文明教育基地基础上，进一步完善咸阳市博物馆、丝路公园等场馆公园的科普设备设施，并依托现有的湿地公园、森林公园、博物馆新建生态文化科普教育基地(馆、站、中心)32处，每年开展生态科普教育活动5次以上。义务植树基地建设：继续深入开展试点工作，合理布局义务植树基地。新建或扩建义务植树基地2596.33公顷。纪念林基地建设：新建纪念林基地6处，总面积322公顷。

二是实施完成情况。咸阳市十分重视生态文化教育宣传，国家森林城市期间按照规划建设教育基地、义务植树基地、纪念林基地，三类基地建设共计投资35271.00万元，建成生态文化教育基地57个，义务植树及纪念林基地面积4024.67公顷，圆满、足量完成规划目标。主要依托沣河森林公园、秦汉公园、古渡公园、乾陵森林公园等30余处公园，以生态文化为主题，三年间共计投资160.00万元，建成批准生态文化科普教育基地共57处，完成了规划目标178.13%。

投资34332.00万元，新建、扩建义务植树基地面积3662.67公顷。国家森林城市建设期间，咸阳市每年参与义务植树人数都在70万人次以上，2017年礼泉昭陵、泾阳龙泉被确定为全国“互联网+全面义务植树”试点建设基地。该基地建设以来，咸阳市的义务植树已初步形成了“实体参与”和“网络参与”并进的新格局。投资779.00万元，采用挂牌、设置标语等形式在苏武纪念馆、乾陵、昭陵等地建设纪念林、环保林、革命纪念林等362公顷，突出显示了纪念主题，宣传了生态文化。

6.1.15 生态文化保护与传播工程

6.1.15.1 目标任务

对咸阳市域范围内的古树名木保护工作进一步完善，并以出版画册、制作宣传片等形式广泛宣传；动员全民积极开展城市绿地认建、认养、认管活动，制定相关管理办法，签订责任协议，落实管理责任，并接受绿化主管部门的监督、监管和技术指导；将文化节会活动定期化、规模化，积极挖掘各县(市、区)文化底蕴，开展相应的节事活动；加大市树市花的应用力度，充分挖掘市树市花的文化内涵及影响力，举办摄影、画展等多种形式的宣传活动；充分利用多方资源，多渠道、多形式宣传咸阳市森林生态文化、特色地域文化、创建国家森林城市的新闻及活动开展状况。

6.1.15.2 实施完成情况

一是古树名木保护。咸阳市在创建国家森林城市期间，投资59.05万元，积极开展古树名木的保护工作。2018年专门制定了《咸阳市古树名木管理办法》；2016年1~11月的普查对全市的古树名木进行了摸底和树龄调查，对列入保护范畴的所有古树名木进行挂标志牌、编号、归档，明确管护单位及责任人，实行分级保护，2018年，为“十大树王”设立保护围栏；在健全普查档案的基础上，建立了古树名木信息库，将每一株古树名木的基本状况输入数据库，由省绿化办进行长期的信息化监控管理，并对其生长状况、保护工作等定期监测、分析，制定相应的技术措施，逐步实现现代化管理和养护；加大执法力度和宣传力度，坚决制止破坏古树名木的行为，严格执行，利用制作《咸阳市古树名木画册》和电视台、广播、报纸、网络等多种媒体广泛宣传，使广大市民了解保护古树名木的重要意义，提高全社会的保护意识。截至 2019 年年底，咸阳市共记录古树 23073 株，其中特级古树 43 株，一级古树 240 株、二级古树 152 株、三级古树 22625 株、名木 13 株。

二是绿地认养。国家森林城市期间，咸阳市制订了《咸阳市绿地认建认养实施办法》，积极组织实施绿地认养。截至 2019 年年底，已有 2300 多市民在人民广场、人民路等部分绿地认养草坪 5000 余平方米、乔木 600 余棵。为了使认养活动更加具有示范带头作用，咸阳市在红桥咸阳北路街化工社区补植 30 余棵桃树后，还专门开展了党员志愿者认养活动。

三是生态文化活动。咸阳市每年在各区(县)结合当地特色开展各种类型的生态文化活动，例如渭城区的银杏节、武功县蟠桃节、乾县牡丹节等。在创建国家森林城市期间，各区(县)一方面将上述文化节会活动继续推进，将之定期化、规模化；另一方面积极挖掘各地文化底蕴，开展诸如环保摄影展、花博会等活动，不断培育壮大文化产业，宣传咸阳市浓郁的地方特色文化。

四是“创森”宣传活动。咸阳市在创建国家森林城市期间充分利用多方资源，在咸阳湖景区设置宣传牌、宣传碑进行宣传；利用中国绿色时报、陕西日报、咸阳日报、咸阳广播电视等媒体进行国家森林城市报道；组织生态环保知识进校园、青少年国家森林城市征文大赛、“森林卫士杯”国家森林城市演讲、“让森林走进城市 让城市拥抱森林”国家森林城市知识竞赛、“科技之春”宣传月、国家森林城市摄影大赛等活动；刊印国家森林城市画册记录国家森林城市成效；在市中心利用 LED 显示屏滚动播放宣传标语；印发宣传纸杯、制作国家森林城市宣传抽纸盒……通过开展各种类型的国家森林城市宣传活动，广泛展示生态文化建设取得的新成绩、新经验，经问卷调查，公众对森林城市建设的支持率和满意度均达到 100%。

2020 年，咸阳市在巩固前期国家森林城市成果的基础上，持续进行国家森林城市宣传，在各区、县开展了“科技之春”宣传活动、森防科技培训交流、森防条例宣传日等宣传活动 16 次(项)。

6.1.16 森林防火工程

一是目标任务。进一步提升咸阳市森林防火预警监测能力和应急扑救能力，构建完备的防火通信系统和防火指挥系统，建立健全防火机构和制度，提高森林消防装备、防火物资储备和森林扑火队伍水平。

二是实施完成情况。咸阳市历来把森林防火作为各项林业工作的中心工作，2017 年以来的 3 年间，相关主管部门周密部署、精心安排、狠抓防火责任落实、严格火源管理、消除安全隐患，有效地遏制了森林火灾的发生，全市森林火灾受害率控制在 0.2‰以内。

6.1.17 林业有害生物防治工程

一是目标任务。加强林业有害生物监测预警体系、检疫御灾体系、防治减灾体系和支持保障体系建设，突出抓好松材线虫病、美国白蛾、红脂大小蠹等外来林业有害生物的监测预防，实施主要林业有害生物综合治理，实现林业有害生物防治的标准化、规范化、科学化、法制化、信息化。

二是实施完成情况。咸阳市在国家森林城市期间，投资332.00万元，完善有害生物防治基础设施建设，加强监测预警体系。增建市级测报点4个、县区级测报点50个；增购大型机动喷雾机24台、诱虫灯210台；组建防治队伍12支，增加防治人员240人；建设生态标本科普宣教室6个；制作宣传标牌150块；组织防火信息发布每月2次。

3年来，咸阳市以美国白蛾和松材线虫病监测预防为重点，认真组织实施红脂大小蠹、杨树天牛、核桃枣病虫、草履蚧、柳叶蜂、槐尺蠖和鼠兔害等主要林业有害生物防治工作。不断加大监测预警和检疫御灾力度，积极开展林业检疫案件查处执法专项行动。

通过建设，咸阳全市森防目标管理"四率"指标全面达标，成灾率控制在4.8‰以下；病虫害测报准确率在91%以上；无公害防治率95%以上；产地检疫率连年100%，全面完成了林业有害生物防治工作各项目标任务。

6.1.18 林业科技研究与应用推广工程

一是目标任务。重点加强林业科研机构及涉林企业试验示范基地基础设施、科研条件建设。强力推进科技兴林，逐步建立林业科技推广服务体系，全市新建林业科技示范点26个，建设淳化县方里镇、旬邑县底庙镇等乡镇林业标准化站2个，完成林业科技示范推广面积10000公顷，培训林农5000人次；完善基层林业技术推广人员教育培训机制，落实技术职称评定等相关政策和待遇，构建林业发展的人才体系；加强国内外技术交流与合作，不断提高技术人员水平和技术服务能力。

二是实施完成情况。创建国家森林城市期间，咸阳市在各区(县)结合天然林资源保护、三北防护林等林业重点工程和干杂果经济林基地建设，重点推广"良种壮苗、旱作林业、科学管理、病虫防治"等一批科学造林、育林的新技术，3年间建成了抗旱示范点、油用牡丹栽植管理科技示范点、大榛子良种栽培科技示范点等各具特色的林业科技示范点114个，完成了规划目标的4.38倍；完成林业科技示范推广面积33282.14公顷，是规划目标的332.82%，林业科技示范推广面积的不断加大，有效提升了生态林业、民生林业的质量和效益；紧密结合生态脱贫，组织专家、教授对贫困人口进行核桃、花椒等丰产栽培技术培训，使他们能掌握一到两项实用技术，争取早日实现脱贫，2017—2019年共举办培训班551场次，培训林农27938人次，完成规划培训人数的558.76%。

6.1.19 林政资源管理工程

一是目标任务。加强林政资源管理，加大资源管理专项督查力度，严格执行采伐限额管理和凭证采伐制度，严守生态保护红线，确保咸阳市森林资源稳定持续增长；开展野生动物救护工作，显著提升野生动物保护能力；深化林权制度配套改革，严格规范林权流转行为，林权证发放率达95%以上；完善森林资源监管，加强林业法制建设，强化林业执法队伍能力建设，增强执法人员能力和水平，确保全市森林采伐总量控制在年采伐限额以内，各种建设使用林地审核率达100%，全市涉林案件查处率保持在98%以上，无行政复议和行政诉讼案件发生。

二是实施完成情况。制定印发了《咸阳市林业局青山保卫战实施方案》，依托"绿盾"专项行动和违建别墅清查整治，着力加强自然保护区专项整治。督促指导各县(市)开展自然保护区、湿地公园勘界立标工作。严格审核项目建设使用林地、对自然保护区等生态敏感区及划定的生态红线内使用林地的项目，均不予审核。着力推进打击整治破坏野生动物资源违法犯罪专项行动，扎实开展"绿卫"专项行动、森林督查、森林防火、林业有害生物防治等工作。开展林地变更调查工作，建立了林政资源档案管理专项制度。实行森林资源和林政档案专人管理，按照资源档案类型，分门别类进行档案管理。根据最新调查数据和办理的业务，及时更新档案，确保林政资源档案的连续性和时效性。认真贯彻执行野生动物保护法等法律、法规，坚持保护优先、规范利用、严格监管的原则，切实加强组织领导，多措并举，联合执法，形成工作合力，积极规范野生动物保护经营活动，全面加强湿地资源保护、自然保护区监管，努力营造人文和谐生态型社会氛围。不断健全完善林业法规规章体系，制定了《咸阳市湿地公园保护管理条例(试行)》《陕西旬邑马栏河国家湿地公园保护管理办法(试行)》《咸阳市古树名木保护管理办法》《咸阳市全民义务植树实施办法》等相关规章制度；进一步完善了行政审批制度，规范行政执法和行政审批，加强事中、事后监管；依法查处各类破坏森林资源的案件，建立健全林业行政执法监督机制，提高执法效能；加强森林公安基础信息化、警务实战化、执法规范化、队伍正规化建设。

6.1.20 林业信息化建设工程

一是目标任务。以"互联网+林业行动计划"为契机，全面推进咸阳市林业信息化建设，实现林业资源管理和森林生态监测网络化、智能化和高效化，建立林业资源管理信息系统、森林生态监测信息系统，实施公共服务信息化建设及林业信息化机构和人才队伍建设。

二是实施完成情况。自创建国家森林城市以来，咸阳市不断加大资金投入，依据规划完成了林业信息化建设内容。建成并完善了公文传输系统，涉密信息系统；加大了网络办公建设，将全局内带网宽提升到100兆，确保林业信息及时上报省、市网络媒体；继续加强林业门户网站建设，运用咸阳林业信息网发布相关政策信息，宣传咸阳林业，设置了创建国家森林城市专栏；强化林业信息化机构和人才队伍建设，成立了林业信息宣传工作领导小组，分管领导任组长，指定专人负责；加强硬件设施建设，购置了专业摄像机、照相机。

表 6-1 咸阳市创建国家森林城市工程实施总表

类型	序号	一级工程	二级工程	规划建设			规划投资	完成建设			完成投资	建设完成率			投资完成率
				个	公里	公顷	万元	个	公里	公顷	万元	（个）%	（公里）%	（公顷）%	%
森林生态体系	1	森林围城进城工程	森林围城			859.00				2200.12	58116.77			256.13	
			森林进城	100		1667.49		100		1982.05	289598.00	100.00		118.86	
			合计	100		2526.49	210677.3	100		4182.17	347714.77	100.00		165.53	165.31
	2	森林乡村工程	森林小镇	10				10		1252.00	2163.50	100.00			
			森林村庄	62				76		1144.47	1667.01	122.58			
			合计	72		2260.80	9522.40	86		2396.47	3830.51	119.44		106.00	40.23
	3	绿色廊道工程	道路绿化		962.29	1291.59			962.29	1291.59	1615.00		100.00	100.00	
			水系绿化		312.22	1794.71			312.22	1794.71	10330.00		100.00	100.00	
			合计		1274.51	3086.30	24578.76		1274.5	3086.30	11945.00		100.00	100.00	48.60
	4	景区绿化工程				1450.00	6525.00			1511.24	24805.47			104.22	380.16
	5	森林增量提质工程	三北防护林			15210.00				20073.34	6700.00			131.97	
			天然林保护			3300.00				6853.40	2820.00			207.68	
			退耕还林			2000.00				3063.60	7180.00			153.18	
			中央财政造林补贴试点项目			1733.00				13600.00	4080.00			784.77	
			低产低效林改造			7914.00				8080.00	808.00			102.10	
			退化林分修复			4600.00				10534.00	3160.00			229.00	
			森林抚育			20099.90				35980.00	5716.00			179.01	
			合计			54856.90	20137.08			98184.34	30464.00			178.98	151.28
	6	生物多样性保护	森林公园			26754.60				26754.60	68452.17			100.00	
			湿地公园			7470.89				6537.56	53348.67			87.51	
			合计			34225.49	4190.00			33292.16	121800.84			97.27	2906.94

（续）

类型	序号	一级工程	二级工程	规划建设			规划投资	完成建设			完成投资	建设完成率			投资完成率
				个	公里	公顷	万元	个	公里	公顷	万元	（个）%	（公里）%	（公顷）%	%
森林服务体系	7	森林康养基地建设									1401.32				
森林服务体系	8	绿道建设工程	咸阳市		115.30				115.3		380.00		100.00		
森林服务体系	8	绿道建设工程	各县区		148.00				151.9		3822.98		102.64		
森林服务体系	8	绿道建设工程	合计		263.30		1000.00		267.2		4202.98		101.48		420.30
森林服务体系	9	生态标识系统建设		2485			176.80	2509			146.20	100.97			82.69
森林产业体系	10	苗木花卉产业工程				21866.61	109333.05			23896.00	131024.35			109.28	119.84
森林产业体系	11	特色经济林基地建设工程				11876.23	13839.02			18506.43	43133.03			155.83	311.68
森林产业体系	12	森林生态旅游业					1200.00				44746.00				3728.83
森林产业体系	13	林下经济产业				5851.90	11703.80			5901.90	8221.88			100.85	70.25
森林文化体系	14	生态文化基础设施建设	生态文化科普教育基地	32				32			160.00	100.00			
森林文化体系	14	生态文化基础设施建设	义务植树基地			2596.33				3662.67	34332.00			141.07	
森林文化体系	14	生态文化基础设施建设	纪念林基地			322.00				362.00	779.00			112.42	
森林文化体系	14	生态文化基础设施建设	合计	32		2918.33	8362.62	32		4024.67	35271.00	100.00		137.91	421.77
森林文化体系	15	生态文化保护与传播					435.00				1016.55				233.69
森林支撑体系	16	森林防火工程					2700.00				475.00				/
森林支撑体系	17	林业有害生物防治					270.00				332.00				122.96
森林支撑体系	18	林业科技研究与应用推广		26		10000	450.00	114		56353.67	580.75	438.46		563.54	129.06
森林支撑体系	19	林政资源管理工程					570.00								
森林支撑体系	20	林业信息化建设					201.00								
		总计		2715	1537.81	150919.0	425871.8	2841.0	1541.7	251335.3	811111.65	104.64	100.25	166.54	190.46

表 6-2　咸阳市 2020 年度工程建设情况统计

类型	序号	一级工程	二级工程	完成建设		
				个	公里	公顷
森林生态体系	1	森林围城进城工程	森林围城			315.5
			森林进城	55		520.03
			合计			835.53
	2	森林乡村工程	森林小镇			
			森林村庄			290.69
			合计			290.69
	3	绿色廊道工程	道路绿化		65.5	
			水系绿化		31.6	
			合计		97.1	
	4	景区绿化工程				225.28
	5	森林增量提质工程	三北防护林			7499.99
			天然林保护			3233.33
			退耕还林			
			中央财政造林补贴试点项目			5200
			低产低效林改造			5654.7
			退化林分修复			800
			森林抚育			15038.67
			合计			37426.69
	6	生物多样性保护				
森林服务体系	7	森林康养基地建设				
	8	绿道建设工程			12.4	
	9	生态标识系统建设				
森林产业体系	10	苗木花卉产业工程				
	11	特色经济林基地建设工程				
	12	森林生态旅游业				
	13	林下经济产业				
森林文化体系	14	生态文化基础设施建设				
	15	生态文化保护与传播				
森林支撑体系	16	森林防火工程				
	17	林业有害生物防治				
	18	林业科技研究与应用推广				
	19	林政资源管理工程				
	20	林业信息化建设				
		总计			109.5	38778.19

6.2 投入完成情况

一是加大财政投入。咸阳市把森林城市建设规划纳入各级政府部门财政预算，市财政每年列支林业部门3000万创建国家森林城市经费，各县(市、区)财政每年列支林业部门300万元国家森林城市经费，全市形成了齐抓共管、踊跃参与的良好创建国家森林城市氛围，2017—2019年国家森林城市财政投资达到35.75亿元，为全市创建国家森林城市工作顺利开展打下了坚实基础。

二是争取项目资金。积极向中央和省级争取各类项目资金，如：中央森林生态效益补偿资金项目、天然林保护中央预算内投资项目、退耕还林工程中央预算内投资项目、重点防护林中央预算内投资项目、中央预算内林业基本建设投资项目、省级重点区域绿化补助资金项目、省级森林植被恢复项目、省级国有林场改革补助资金项目等，3年来已下达6.81亿元，每年获得中央财政和省级财政造林资金均在2.27亿元以上。

三是社会共同参与。咸阳市始终把国土绿化作为城市建设的重要工程，加大造林绿化资金投入力度，积极鼓励大户和企业等各类社会主体投资林业生态建设，充分调动全社会造林、育林的积极性，引导社会资金、民间资金参与绿化造林。在国家森林城市建设过程中，社会投资逐年增加，截至2019年已达16.32亿元。

第 7 章　咸阳创建国家森林城市成效

经过 4 年多不懈努力，咸阳国家森林城市工作取得显著成效。2021 年 4 月，中国林业科学研究院专家组对咸阳市国家森林城市成效进行评估，36 项指标均达到或超过国家森林城市考核验收标准。

7.1　咸阳创森成效综述

7.1.1　绿色生态咸阳初具规模

一是中心城区增绿成效明显。新建咸阳湖二期、兴北绿林等城区公园、公共绿地 22 处，完成道路绿化 378.62 公里，实施屋顶绿化、立体绿化、垂直绿化 60 余处 1.8 万平方米，市区新增绿化面积 2.55 万亩。

二是县域绿化水平稳步提升。实施新一轮退耕还林工程 4.6 万亩、天然林资源保护工程 15.2 万亩、三北防护林工程 42.6 万亩、中央财政补贴造林 28.2 万亩、森林抚育 90.3 万亩。新建和完善道路绿化 1311 公里，在国省干道两侧种植林下花 1.11 万公里，建成生态绿道 279.6 公里。

7.1.2　林业产业发展活力四射

通过森林城市建设，推动了林业产业快速发展。随着林权制度改革深入完善和林业产业稳步发展，农民拥有的林木资源财产权和林地承包经营权逐步转变为创业资本，林业产业的富民效应越来越凸显。截至 2021 年一季度，咸阳市林业总产值达到 170.06 亿元，是国家森林城市创建初期的 3 倍多，年均增长近 22%。大力发展苗木花卉产业，创建国家森林城市期间，全市累计发展苗木花卉 40 万亩，新建和改造杂果经济林 28 万亩，2017 年咸阳市被陕西省林业局评为全省苗木花卉发展先进市。大力发展以林药、林菌、林菜、林禽为主的林下经济和特种养殖，扶持培育林业龙头企业 10 家，发展林业合作社 26 家。依托旬邑县马栏山、石门山、淳化县爷台山等森林资源，大力发展生态康养旅游产业。创建国家森林城市期间，全市共建成森林康养基地 5 个、森林旅游乡村 30 个，累计接待游客 173 万人次，收入近 2 亿元。

7.1.3 生态文明理念深入人心

创建国家森林城市以来，广大市民生态文明意识不断提升，参加义务植树621万人次，累计植树2795万株，义务植树尽责率达95%以上。创建国家森林城市期间，全市建设的绿道、湿地公园、森林公园以及科普教育基地、植物标本馆等，免费向公众开放，年均入园人数达200万人次。通过创建国家森林城市，植绿、护绿、爱绿、兴绿理念已融入市民的日常生活，极大提升了市民的幸福感，调查显示，市民对创建国家森林城市的知晓率、支持率、满意度分别达到了92.2%、99.02%和99.01%。

7.1.4 城市品牌影响力不断提升

通过创建森林城市，不仅提升了全市的整体绿量，打造了靓丽的生态美景，使市民群众切切实实感受到了幸福感、获得感。同时，也为优化咸阳营商环境、提高城市品味及综合竞争力提供了源源不断的“绿色动力”，使良好生态成为咸阳高质量发展的第一资源和永恒竞争力。从2020—2021年，咸阳连续成功举办了“百企进咸投资兴业”大会、“民企助咸共创共赢”发展大会两场全市性重要活动，共邀请上百户知名企业和70余家商会协会来咸阳考察合作。活动期间，企业代表实地参观了咸阳重点项目、民生工程和生态环境治理工程，大家切身感受到了咸阳近几年经济社会发展和生态环境建设所取得的新成绩、新变化，纷纷为咸阳点赞。

7.2 生态、经济、社会三大效益量化研究

7.2.1 生态效益

生态系统服务功能的概念最早于1970年由联合国大学在《人类对全球环境的影响报告》中提出，是指人类从生态系统中获得的各种收益，主要包括生态系统提供的各种自然资产及其对应的生态价值。

根据国家标准《森林生态系统服务功能评估规范》(GB/T 38582—2020)中的计算方法，以咸阳全市2017—2019年的工程新增林地(222546.88公顷)为对象，对其生态效益进行了初步核算(表7-1)，3年来咸阳市国家森林城市新建、扩建、改建森林可增加生态服务价值145.75亿元。

表7-1 咸阳市城市森林生态系统服务功能价值量

项目	分类	2017—2019年增加价值量(亿元)
净化大气环境	吸收二氧化硫	0.24
	吸收氟化物	0.01
	吸收氮氧化物	0.02
	滞尘	0.06
	降低噪音	5.37
	价值合计	5.70

（续）

项目	分类	2017—2019年增加价值量(亿元)
固碳释氧	固碳	1.96
	释氧	24.30
	价值合计	26.26
涵养水源	调节水量	22.05
	净化水质	5.07
	价值合计	27.12
保育土壤	固土	7.74
	保肥	76.61
	价值合计	84.35
遗传信息价值		0.62
生物栖息地价值		1.70
总计		145.75

7.2.2 经济效益

城市森林的经济效益包括了直接经济效益和间接经济效益两个方面。

一是直接经济效益。城市森林的直接经济效益包括了物质的直接生产(如生产木材、果品等)、为社会提供丰富的产品(如花卉和苗木生产)，以及城市森林通过提供游憩服务，及其对城市环境改善所带来的能源节省等。国家森林城市建设近期工程实施期间，咸阳市林业产业蓬勃发展，新建各类杂果经济林，完成低产林改造，新建苗木花卉基地，尤其是花椒产业得到快速发展。根据《咸阳市林业统计年鉴》资料，咸阳市2017年、2018年、2019年林业产业总产值分别达到了141.66亿元、152.00亿元、163.13亿元。2020年，林业产业总产值达到170.06亿元。

二是间接经济效益。城市森林的间接效益包括了发挥调节气候、固碳释氧、保持水土、净化环境和保护生物多样性等生态功能使治理环境成本的减少，绿地的存在所带来的商业销售增值，以及相关绿色产业的发展等方面。咸阳历史悠久，旅游资源丰富，该市创建国家森林城市以来，森林旅游业发展迅速，充分利用咸阳市资源优势，依托森林公园、自然保护区及森林旅游景区景点，大力开展生态旅游。对于刚建成的建设工程，想要得到立竿见影的效果的可能是微乎其微的，对于林业产业和城市森林的建设，想要发挥其稳定的产出经济效益，需要一段增长时期，对于刚建成的工程，有些可能还在入不敷出，但是在日后，必定会带来稳定且巨大的经济效益。

7.2.3 社会效益

一是有利于增加就业机会。城市森林增加就业的功能主要体现在能为社会提供大量就业机会，如管理岗位、营造岗位、科学研究岗位、其他相关岗位等。

二是有利于改善投资环境。城市森林建设不仅改善了本市的生态环境，丰富了生态文化的内容，提升了城市品位；还有效地改善本市的投资硬件，提升本市知名度，从而有利于扩大对外开放，促进国际国内的经济、技术合作，为更多更好地引进资金、人才、技术服务。

三是有利于带动各项事业。质量提高的同时也促进了本市城乡森林文化、生态旅游业的全方位发展，从而带动了相关的运输业、通信业、建筑业、文化教育等多个经济部门和行业的发展，有利于促进城乡经济全面可持续发展。

四是有利于改善人居环境。森林不仅能够改善生存条件，而且直接影响人类健康状况。森林城市的建设为城乡居民提供了优美的环境、洁净的空气以及休闲游憩的场所，提高人们生活质量的同时，还有利于促进他们的身心健康。

五是有利于增加游憩场所。森林游憩功能是指森林生态系统为人类提供休闲和娱乐的场所，具有消除疲劳、缓解压力、身心愉悦、有益健康的功能。

六是有利于丰富森林文化。森林文化是指由于森林的存在而产生的文化，或者说，就是以森林为主体的生态文化。郑小贤在《森林文化、森林美学与森林经营管理》一文中认为，森林文化是指人对森林的敬畏、崇拜、认识和创造，是建立在对森林各种恩惠表示感谢的朴素感情之上的反映在人与森林关系中的文化现象；是以森林为背景，以人类与森林和谐共存为指导思想和研究对象的文化体系，是传统文化的有机组成部分。发展城市森林文化的目的就是为了用文化促进城市森林建设，进而实现增进市民健康、满足市民精神文化的需要。

第 8 章　咸阳创建国家森林城市“6 个 3”模式探讨

咸阳国家森林城市秉承“丝路名都、森林咸阳”建设理念，以“大地植绿、心中播绿、全民享绿”为重点，以“6 个 3”模式助推国土增绿，36 项“国家森林城市”考核指标均达到或超过国家综合评价要求，全市林木覆盖率达 41.98%。城区绿化覆盖率达 45.19%，城区人均公园绿地面积达 14.92 平方米，村庄林木绿化覆盖率达 39.76%，农田林网控制率达 95.16%，一组鲜活的数字兑现了咸阳创建国家森林城市向人民的承诺。“一城绿树半城湖”已成为咸阳践行绿色发展理念的靓丽名片。

图 8-1　咸阳湖一期绿化成效

8.1　探究三项机制

一是高效的组织领导机制。成立了由市政府主要领导任组长，市级相关部门和 13 个县市(区)政府主要领导为成员的国家森林城市工作领导小组，相继印发了《咸阳市创建国家森林城市工作方案》《咸阳市创建国家森林城市实施方案》等文件。市委常委会议、市政府常务会议先后 10 余次专题研究国家森林城市工作，并连续 3 年将国家森林城市工作写入市政府工作报告。每年定期召开两次国家森林城市工作推进会议，市委市政府主要领导、分管领导经常赴各县(市、区)实地调研、督导国家森林城市工作，发现问题及时协调解决，有效推进了工作落实。

图 8-2 咸阳湖二期绿化成效

二是严格的“创森”考核机制。将“创森”工作纳入全市年度目标责任考核范围，赋值 3 分，严格考核奖惩，强力追踪问效，坚持“月督导、季通报、半年考核”制度。各级各部门坚持把“创森”作为“一把手”工程，成立领导小组，逐级签订目标责任书，形成了市、县、镇(办)、村四级联动，职能部门紧密协作的整体推进机制。

三是灵活的“创森”宣传机制。制定印发了《咸阳市创建国家森林城市宣传工作方案》，逐级夯实国家森林城市宣传工作责任，实现了城乡互动、县(市、区)联动、全社会行动等多主体参与的森林城市宣传工作机制。在城区重点路口、高速公路出入口、旅游景区等重点区域布设国家森林城市专题宣传栏 300 多块，在森林公园、湿地公园、自然保护区、城市开放性公园、小广场等关键部位设置科普小标识、科普宣传栏 500 余块，建成了旬邑县马栏生态文明科普教育基地、市实验中学青少年中心、淳化县动植物标本馆等科普文化教育基地 57 处。结合“植树节”“爱鸟周”等主题活动，组织开展知识竞赛、征文大赛、摄影大赛等国家森林城市宣传活动 100 余次，全社会知晓国家森林城市、参与国家森林城市、感受国家森林城市蔚然成风。

8.2 严把三个关口

一是严把国家森林城市“规划关”。为科学有序推进全市国家森林城市工作，咸阳市委市政府及早启动国家森林城市规划编制工作，委托国家林业和草原局林产工业规划设计院编制了《咸阳市国家森林城市建设总体规划(2017—2026 年)》。根据总体规划，咸阳市政府先后编制出台了《生态咸阳总体规划》《咸阳市国家森林公园总体规划》《咸阳市绿道网络总体规划》《咸阳市绿地系统规划》《咸阳市湿地保护规划》等专项规划，细化实施计划和目标，确保各项规划计划有效实施。

二是加大资金“投入关”。坚持政府主导、社会参与、市场化运作相结合，由政府主导推进，协调社会各方力量共同参与国家森林城市工作。市政府出台了造林绿化资金奖补办法，补助每个森林小镇 70 万元、森林乡村 10 万元、绿色社区 5 万元、绿色学校 3 万元，市财政每年列支奖补资金 3000 万元。各县(市、区)相继出台奖补政策，整合各项资金，按照“渠道不乱、投向不变、统筹安排、捆绑使用”的原则，集中投向森林城市建设重点项目。全市累计投入森林城市建设资金达 80 亿元。同时，探索建立多元化参与的国家森林城市投入机制，吸引各类社会资本 45. 36 亿元，建成城市绿地、植树造林、生态观光园等国家森林城市项目 50 余个。

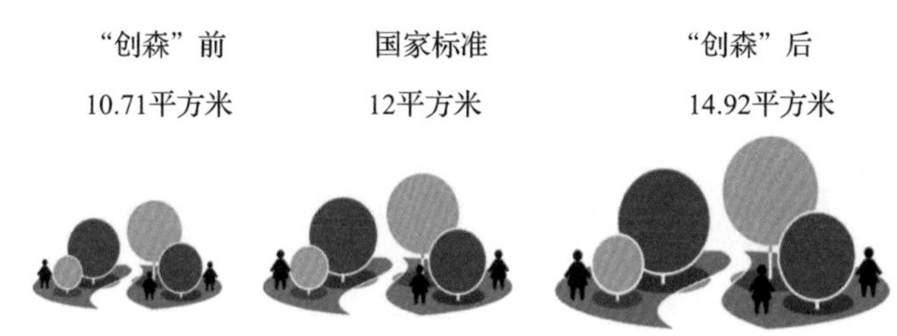

“创森”前城区人均公园绿地面积为10.71平方米，“创森”后14.92平方米，高于国家标准2.92平方米

图 8-3　城区人均公园绿地面积

三是严把工程“实施关”。在森林围城进城、森林乡村、景区绿化、湿地公园、森林公园、苗木花卉、森林增量提质、森林生态文化建设、资源安全能力“创森十大工程”中，以工程项目为抓手，将国家森林城市任务细化分解到各县(市、区)、各有关部门，落实到具体工程、项目、山头、地块。采取公开招标选择专业队施工，严格执行压证施工和履约保证金制度，并建立划片监管、蹲点指导、跟班督促的动态监管机制。严格落实定基地、定单位、定时间，包栽植、包管护、包成活的“三定三包”责任制，对栽植、浇水、覆土、保暖、帮扶分环节把关，切实保证造林质量。特别是在绿化树形选择上，坚持一株一株地选，一组一组地评，一段一段地搭配，专家组现场集体评定，提出了高度不够、胸径不够、分枝点不够、冠幅不够、偏冠、达不到分枝级数、无 3 个以上分枝点的“七不要”标准，确保了国家森林城市工程项目实施质量。

8.3　立足三化特色

一是城市建设森林化。在城区，实行拆违建绿、立体挂绿、拆墙现绿、见缝插绿、多维增绿、宜绿则绿，充分利用可绿化空间，大幅度增加城市“绿量”，提升生态承载能力。城市拆迁后，一定比例的土地用于建绿地、建广场、建公园。新建咸阳湖二期、丝路公园、两寺渡公园、文渊广场、体育场十字绿地广场、兴北绿林、双照湖水库、秦文明广场、秦汉郊野公园、沣西中心绿廊等城区公园、公共绿地 15 处，1.6 万亩。市区新增绿化面积 2.55 万亩，建成区绿化覆盖率达到 45.19%，人均公园绿地面积达到 14.92 平方米。

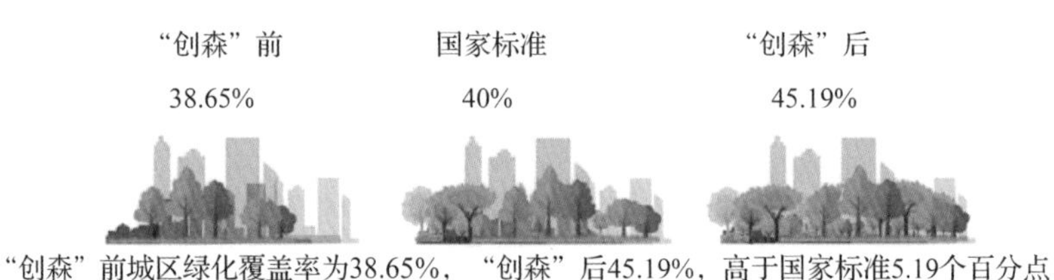

图 8-4 城区绿化覆盖率

二是道路建设林荫化。咸阳实行“有路必有树，树下必有花”的道路绿化原则，在国省干道两侧林下种植格桑花、三叶草、月季、百日菊、小叶女贞、红叶石楠、地肤草等林下花 4775.8 公里，实施道路绿化 720 公里，新建绿色廊道 231 公里。

在王府井赛特奥莱、西部芳香园、奥体中心、秦都渭水桥南侧、泾河新城世界商贸文化城、办公及住宅小区建成生态停车场 16 处，车位 17063 个，绿化面积超 6000 平方米。在秦皇路、渭阳路、北塬一路、世纪大道、市体育馆、吴家堡转盘等 15 处重要节点实施“一街一景”改造提升工程，安装绿雕造型 40 余处，摆放、新栽时令花卉 21 万平方米，实现了“一路一景、路移景异、三季有花、四季常绿”目标。在乡村，建设面积适宜、以乡土树种为主的景观片林，构建了田林路相结合、多树种相结合、乔灌草相结合的乡村森林体系。经国家森林城市研究中心在咸阳布设 6062 个样点判读，咸阳的平均树冠覆盖率为 40.17%，超过国家森林城市城区树冠覆盖率 25%的 15 个百分点。

图 8-5 道路绿化率

三是河流水系景观化。结合渭河、泾河等河流综合治理，完成河流水系绿化 1.2 万亩，完善或提升河流水系绿化 1794 公顷，水岸林木绿化率达到 89.2%，农田林网控制率达到 89.16%。

在巩固提升淳化冶峪河、三原清峪河、旬邑马栏河 3 个国家湿地公园建设成效和着力抓好礼泉甘河国家湿地公园试点建设的基础上，积极申报了泾阳泾河、永寿漆水河 2 个国家湿地公园项目，已纳入国家湿地公园试点建设，全市国家湿地公园达到 6 个，达到了“水清、岸绿、景美”的景观效果，充分展现了“春有花、夏有荫、秋有景、冬有青”的水系绿化风貌。

图 8-6　双照湖水上公园

咸阳湖景区依托渭河中游咸阳城区段综合治理，已建成 16.82 公里的自然生态景观、公园广场、文化体育设施等，形成了“万亩水面、万亩绿地、万亩花海”的渭河生态湿地长廊和城市中央水生态景观带，成为渭河中游一道亮丽的风景线，被誉为咸阳的“城市会客厅”，2019 年 12 月被评为国家 4A 级旅游景区。2021 年，咸阳在持续巩固提升国家森林城市成果的基础上，组织举办了“今年花开逛咸阳”活动，主要在城市公园、咸阳湖景区等地，设置花卉观赏点和花境小品，让市民和游客近距离享受心旷神怡、美不胜收的城市绿化美景，实现了国家森林城市工作由“提绿量”向“造美景”的华丽转变。

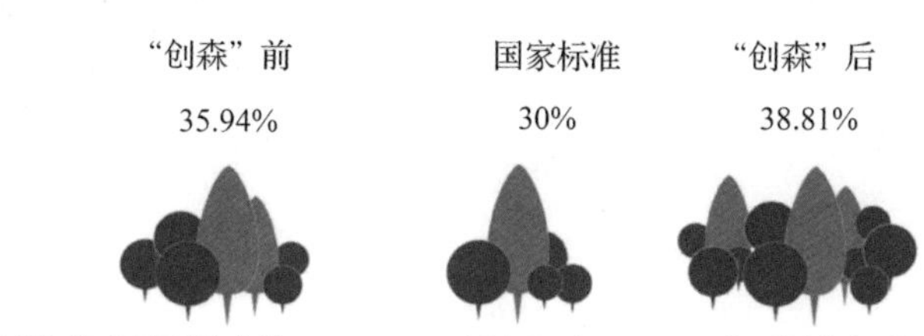

“创森”前森林覆盖率为35.94%，“创森”后38.81%，高于国家标准8.81个百分点

图 8-7　森林覆盖率

8.4　注重三个结合

一是正确处理生态美与环境美的关系，着力改善人居环境。全面推进城乡人居环境综合治理，开展森林县城、森林小镇、森林乡村、森林公园、湿地公园、绿色社区、绿色校园、绿色家庭等绿色创建活动，建成 5 个省级森林县城、10 个森林小镇、48 个国家森林乡村、100 个绿色社区、100 个绿色学校、20 个湿地公园、20 个森林公园，让群众生活在蓝天白云下、青山绿水旁。

二是正确处理生态美与产业强的关系，着力推进林业产业发展。新建和改造干杂果经济林 14.05 万亩，发展苗木花卉 34.4 万亩，发展省级林业龙头企业 10 家，带动林下经济

图 8-8 水岸绿化率

和森林旅游发展，全市林业总产值达到 170 亿元，是国家森林城市初期的 3 倍多，年均增长近 22%。依托森林资源，不断发展森林生态服务、森林旅游服务和森林产品，激活以森林旅游服务为核心的林业第三产业，建成森林公园 20 个，建成国家级湿地公园 6 个，打造了 5 处森林康养基地和 30 个森林旅游乡村，实施景区绿化 1506 公顷，吸引游客 229.5 万人次，旅游收入 1.69 亿元，生态建设与旅游发展完美结合，为市民的出行及旅游提供了良好的条件，实现了林业产业发展新的增长点。

图 8-9 彬州市龟蛇山绿化成效

三是正确处理生态美与百姓富的关系，着力推进生态扶贫。大力推进生态补偿扶贫、国土绿化扶贫、生态产业扶贫，建档立卡贫困户生态补偿收入达到 8184 万元，惠及 2.6 万户，助力 10 万贫困人口增收脱贫，覆盖全市贫困人口的 21.5%，实现了绿起来与富起来的双赢。按照摘帽不摘责任、摘帽不摘政策、摘帽不摘帮扶、摘帽不摘监管的“四个不摘”原则，继续保持生态护林员政策的稳定、重点生态工程支持政策的优化延续，助力脱贫人口不返贫、边缘人口不致贫。

8.5 保障三条底线

一是扎实抓好森林防火工作。底线指标是红线、控制线。要把森林防火作为保障森林安全的底线，结合森林火灾易发生重点时段，统筹谋划，及时召开推进会、现场会等，安排部署森林防火工作；市政府分管领导经常赴各县(市、区)检查指导，逐级落实了防控责任，加强了火源管控，提升了防火能力。多次邀请专家对咸阳市林业系统干部职工进行防火业务知识培训，2018 年 1 月在旬邑县组织开展了 300 余人的森林防火演练及防火知识培训讲座，林业干部职工的森林防火技能得到有效提升。总投资 1061 万元的旬邑县森林重点火险区综合治理二期工程建成使用，总投资 1960 万元的北部山区森林火灾高风险区综合治理建设项目已经国家林业和草原局批复。全市未发生大的森林火灾，森林火灾受害率控制在 0. 2‰以内，有力地维护了林区安全和社会稳定。

二是持续强化森林资源保护。积极探索创新森林资源保护和管理制度，在陕西省率先推行了林长制试点，2021 年 4 月 1 日，市委市政府召开了全市林长制工作推进会，印发了《咸阳市关于全面推行林长制工作实施方案》，在全市建立起了市、县、镇、村四级林长体系，全市已设立市级林长 13 个，县级林长 226 个，镇级林长 605 个，村级林长 2901 个，实现了森林资源网格化管理全覆盖。对全市国有林场电网、道路基础设施进行全面改造提升，改善了林区基础设施和装备条件。圆满完成国有林场各项改革任务，将全市 11 个国有林场全部定性为公益一类国有生态林场，林场职工“四险一金”等社会保障全面落实。在全市扎实开展了严厉打击非法侵占林地等涉林违法犯罪专项行动、打击整治破坏野生动物资源违法犯罪专项行动、违建别墅问题清查整治、森林督查、绿卫行动等，严厉打击乱砍滥伐、乱捕滥猎、乱征乱占等涉林违法犯罪，坚决遏制各类破坏森林资源的行为。

“创森”前乡村森林覆盖率为21.5%，“创森”后39.76%，高于国家标准9.76个百分点

图 8-10 乡村森林覆盖率

三是积极开展林业有害生物防治。认真贯彻落实国务院办公厅《关于进一步加强林业有害生物防治工作的意见》文件精神，坚持“预防为主、科学治理、依法监管、强化责任”的方针，市政府与各县(区)签订防治目标责任书，定期举办林业有害生物技术培训，全市建立 100 个防治监测点，扎实开展了美国白蛾、松材线虫病等林业重大有害生物监测防控，实施了干杂果经济林鼠兔害和核桃病虫绿色防治国家级、省级示范区建设项目，严格检疫执法，开展科学防治，全市林业有害生物成灾率控制在 4. 6‰以内，无公害防治率、测报准确率分别达 90%、92%以上，种苗产地检疫率达到 100%。

“创森”前 82%　　国家标准 80%　　“创森”后 98.69%

“创森”前乡土树种使用率为82%，“创森”后98.69%，高于国家标准18.69个百分点

图 8-11 乡土树种使用率

8.6 展示三个提升

一是干事创业的合力全面提升。全市上下坚持国家森林城市工作一盘棋思想，各县（市、区）、各成员单位在国家森林城市工作中，主动作为，积极行动，形成了齐抓共管、协同参与的良好工作局面。市国家森林城市办牵头抓总作用发挥充分，及时梳理和解决国家森林城市工作中遇到的新情况、新问题，确保了国家森林城市工作的顺利推进。发展改革委、财政部门积极落实国家森林城市项目和资金，水利部门扎实开展渭河、泾河两岸绿化及综合治理，交通运输部门将城乡道路建设和绿化美化同步规划实施，城建部门大力推进城区绿化，林业部门持续聚焦城乡添绿，新闻宣传、文化旅游、教育等部门结合自身优势和工作特点，开展了内容丰富、形式多样的国家森林城市宣传教育和实践参与活动，推进国家森林城市工作深入开展。

二是生态文明理念全面提升。国家森林城市以来，广大市民生态文明意识不断提升，参加义务植树 621 万人次，累计植树 2795 万株，义务植树尽责率达 95%以上。国家森林城市期间全市建设的绿道、湿地公园、森林公园以及科普教育基地、植物标本馆等，免费向公众开放，年均入园人数达 200 万人次。通过国家森林城市，植绿、护绿、爱绿、兴绿理念已融入市民的日常生活，极大提升了市民的幸福感，调查显示，市民对国家森林城市知晓率、支持率、满意度均达到了 100%。

三是城市品牌影响力全面提升。通过创建国家森林城市，不仅提升了全市的整体绿量，打造了靓丽的生态美景，使市民群众切切实实感受到了幸福感、获得感。同时，也为优化咸阳营商环境、提高城市品位及综合竞争力提供了源源不断的“绿色动力”，使良好生态成为咸阳高质量发展的第一资源和永恒竞争力。2020—2021 年，咸阳连续成功举办了“百企进咸投资兴业”大会、“民企助咸 共创共赢”发展大会两场全市性重要活动，共邀请上百户知名企业和 70 余家商会协会来咸考察合作。活动期间，企业代表实地参观了咸阳重点项目、民生工程和生态环境治理工程，大家切身感受到了咸阳近几年经济社会发展和生态环境建设所取得的新成绩、新变化，纷纷为咸阳点赞。

第9章　咸阳“十三五”林业改革发展成果

“十三五”时期，在咸阳市委市政府的坚强领导和省林业局的大力支持下，全市林业系统始终坚守国之大者，践行习近平总书记来陕西考察重要讲话精神，贯彻市委市政府安排部署，落实省林业局总体要求，以创建国家森林城市为抓手，全面实施“北部山地森林化、中部旱塬果林化、南部平原园林化”的绿化战略，积极应对新冠肺炎疫情冲击，团结一心、攻坚克难、奋力奔跑。“十三五”规划目标全面完成，约束性指标顺利实现。各项林业工作位于全省先进行列，咸阳市林业局被人力资源和社会保障部、国家林业局授予“全国林业系统先进集体”称号，在成功创建全国绿化模范城市的基础上，“创建国家森林城市”5大类36项指标均达到或超过国家森林城市考核验收标准。省级森林城市县达到5个。

9.1　林业生态建设成效显著

造林绿化加快推进，天然林资源保护、新一轮退耕还林、三北防护林建设和湿地保护与恢复等一批重大林业生态保护与修复工程稳步实施。全市完成营造林229.3万亩(其中，人工造林157.97万亩，封山育林50.93万亩，飞播造林20.4万亩)，绿化道路2010公里，建设绿色家园示范村175个，全市森林面积及干杂果经济林面积达到595.3万亩，全市森林覆盖率达38.81%以上，林木覆盖率提高到41.98%；活立木蓄积量1452万立方米，湿地保护率达到39.69%。结合渭河、泾河等河流综合治理，完成河流水系绿化2.7万亩。2018年，省、市人民代表大会常务委员会通过《咸阳市湿地公园保护管理条例》。在巩固提升淳化冶峪河、三原清峪河、旬邑马栏河3个国家湿地公园建设成效和着力抓好礼泉甘河国家湿地公园试点建设的基础上，积极申报了泾阳泾河、永寿漆水河2个国家湿地公园项目。目前，2个湿地公园均已纳入国家湿地公园试点建设，全市国家湿地公园达到6个。

9.2　林业产业发展势头强劲

全市在巩固面积、提质增效的基础上，完成新建(改造)核桃、花椒、油用牡丹、文冠果、榛子、红枣等为主的杂果经济林基地建设31万亩，其中核桃栽植面积18万亩(新建

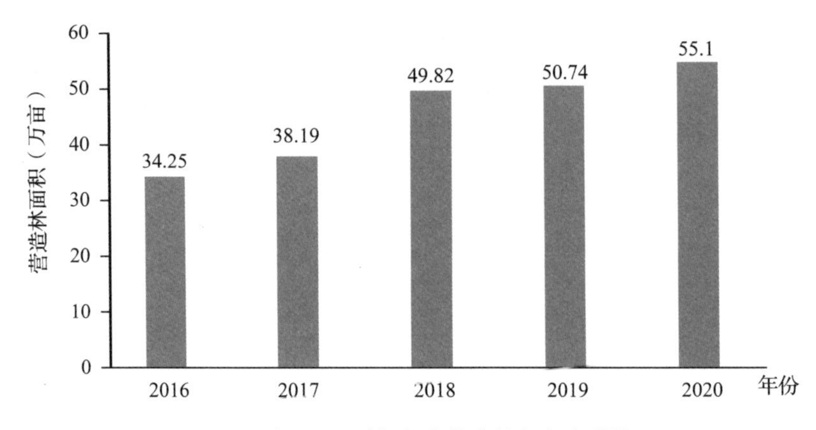

图 9-1 “十三五”时期年度营造林任务完成情况

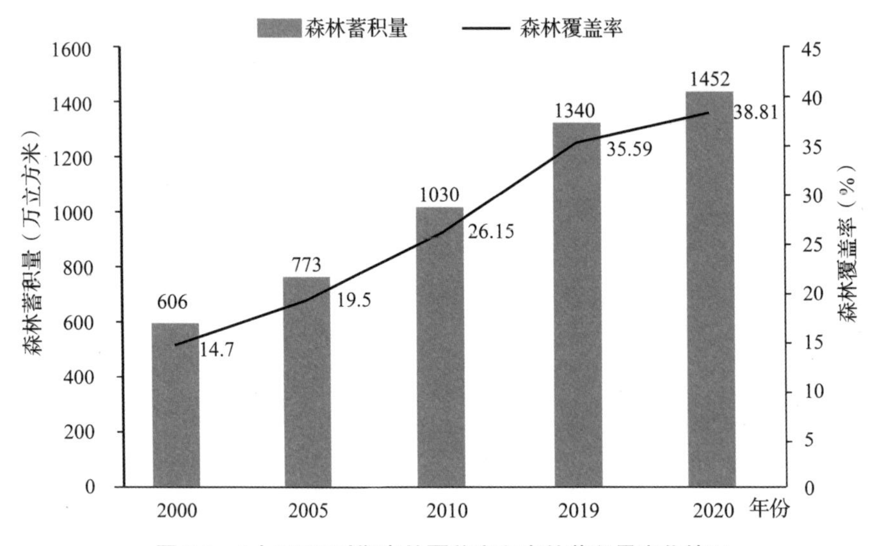

图 9-2 “十三五”时期森林覆盖率和森林蓄积量变化情况

8.5 万亩，改造 9.5 万亩），花椒栽植 8 万亩，油用牡丹栽植 2.5 万亩，文冠果栽植 1.5 万亩、大榛子栽植 0.5 万亩、红枣栽植 0.5 万亩。涉林企业不断发展壮大，全市共有涉林企业 185 户，其中种植业和养殖业 137 户，林产品加工企业 35 户，实现年产值 6.16 亿元，从业人员 4528 人。陕西海天制药有限公司、陕西皇家尚林苑生态休闲产业有限公司、陕西绿隆园林工程有限责任公司、陕西亿丰实业集团有限公司、陕西广发源生态农业科技有限公司、陕西华荣园林景观建设集团有限公司、陕西多维生态农林科技有限公司、陕西正昊科技有限发展公司、泾阳佳沃农业有限公司等涉林企业被省林业局认定为省级林业产业龙头企业，泾阳佳沃农业有限公司成功注册“金安吴”冬枣商标。林地综合利用率和产出率不断提高，全市发展林下经济面积 10 万余亩，年产值 1.23 亿元。连翘、黄芪、板蓝根等林下中药材 2000 余亩、年产量 1305 吨，林下种植食用菌 12 万袋，林下套种 8 万余亩，林下套种年产量 4000 吨，林下养鸡年 26 万余只。野生动物制品入药管理得到进一步加强，康惠、金象和关爱制药企业生产含有野生动物成分的熊胆粉、穿山甲和羚羊角等成分的中成药，年使用野生动物专用标识50多万枚，位居全省前列。苗木花卉产业不断壮大，全市已有北京花木、浙江森禾、东方园林、丰岭公司等4家上市公司和华荣园林公司、务本堂公司等50多家知名苗木花卉企业在咸投资发展。森林生态旅游蓬勃发展，森林体验、森林养生、森林康养、森林运动等有效丰富了森林旅游新内涵，网站、微博、微信平台的建设和利用，进一步提升了森林公园的知名度，陕西石门山国家森林公园于2016年6月成功晋升为国家4A级旅游景区。全市森林生态旅游年接待旅游人数40.6万人次，旅游收入5626万元，旅游从业人数728人。

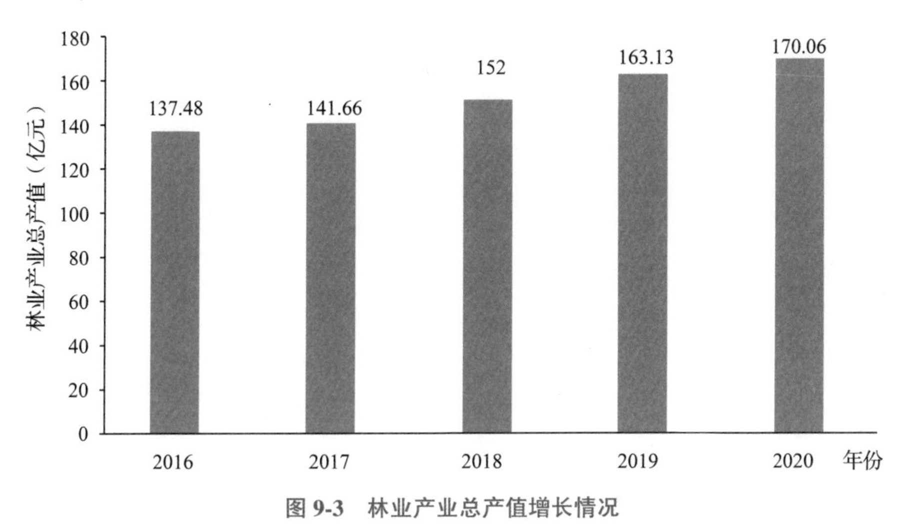

图9-3 林业产业总产值增长情况

9.3 林业改革持续深化

扎实推进林地资源流转、林权抵押贷款、林业专业合作社组建、政策性森林保险试点等改革措施的落实，全市共流转林地178宗、4.1万亩，涉及流转金额866万元；累计发放林权抵押贷款59笔，林地抵押面积1.48万亩，贷款金额1590万元；组建林业专业合作社67个，注册资金3600万元，发展会员9260人，全市签约投保政策性森林保险面积达到295.7万亩，投保金额14.85亿元。全面完成国有林场改革任务，11个国有林场全部定性为公益一类事业单位。争取各级财政补助资金2762.8万元，妥善解决了国有林场债务和长期拖欠“五险一金”等问题。在全省率先推行林长制改革，在旬邑、淳化、长武、彬州4县市设立县级林长80个、镇级林长107个、村级林长1260个。

9.4 森林资源保护全面加强

全市重新组建专业、半专业和义务森林消防队112支3603人。多次开展森林消防队伍防火扑火业务培训和业务演练活动。修订并印发了《咸阳市森林火灾应急预案》，开通了全市护林员中国移动MAS森林防火短信警示系统。完成旬邑县森林重点火险区综合治理二期工程建设项目。森林火灾受害率控制在0.2‰以内。在秦都、渭城、兴平、武功等美国白蛾重点预防区，加强重点监测排查和检疫封锁，悬挂性诱剂、诱虫灯共500多套，并组织开展美国白蛾网幕普查，开展预防性喷药，在其他一般预防区扎实开展监测普查和检疫执法工作，坚决防治市域内发生美国白蛾疫情。开展松材线虫病春秋两季集中普查和检疫执法行动，以松材资源重点县旬邑县为主，全市逐山头逐地块调查松林及松类植物繁育苗圃等，对全市松林30多万亩每年普查2次，严防松材线虫病传入，林业有害生物成灾率控制在4.8‰以内。开展古树名木保护，评选出“十大树王”，对全市23073株古树名木建档保护。开展“严厉打击非法侵占林地等涉林违法犯罪专项行动”，保护候鸟“清网行动”和“净网行动”等，全市共查处各类破坏森林资源案件653起，行政处罚683人，罚款682.74万元，形成了有效震慑。加大了黑鹳、白鹭、赤麻鸭、绿翅鸭等野生动物及其栖息地的保护力度，新设立一般保护野生动物的救护点4处，确保野生动物的伤病能够得到及时救治，及时开展野生动物疫源疫病监测巡查、人工饲养普查和打击违法犯罪活动。积极应对新冠疫情，全面禁食野生动物，确保野生动物资源安全。

9.5 森林生态文化体系建设深入推进

2018年6月，“绿色中国行”大型公益活动走进旬邑县，向全国展示了咸阳市的生态特色和名优生态产品。积极开展生态文明进校园活动，组织开展“十大树王”评选活动和“十大花海”评选活动。联合市妇联组织举办创建国家森林城市知识竞赛。联合团市委组织开展了创建国家森林城市主题征文活动，编辑出版了《梦想起航——优秀作品集》。联合市文联组织开展了“绿水青山看咸阳”创森杯主题摄影大赛。在重点区域布设创森专题宣传栏。设计制作了创森纸杯、抽纸、文具盒、手提袋等宣传品，向市民广泛发放。开展绿色创建活动，号召社会各界积极参加森林县城、森林小镇、森林乡村、绿色社区、绿色学校、绿色家庭创建活动。大力开展全民义务植树活动，积极推广“互联网+义务植树”模式，礼泉昭陵、泾阳龙泉纳入全国首批“互联网+义务植树”试点基地，不断创新形式开展森林文化宣传。在森林公园、湿地公园和生态园区建设生态科普教育基地33处，年参加生态科普人数40万人次以上，全面宣传生态建设成效。

9.6 自然保护地整合优化预案圆满完成

自然保护地整合优化工作，面对保护地批复面积与落界面积相差大、保护地之间重叠严重、资源保护与开发矛盾尖锐、全域分析面积增补困难等四大难题，经过多次修改完善、层层论证审查，市、县两级自然保护地整合优化预案成果顺利通过省级评审已报国家林业和草原局审核。整合优化后，自然保护地数量为12个(永寿翠屏山县级自然保护区并入翠屏山省级森林自然公园)，整合优化后总面积66277.30公顷(其中自然保护区面积35383.21公顷，森林公园总面积26127.41公顷，湿地公园总面积4766.68公顷)，相比原批复总面积减少4655.92公顷(其中交叉重叠面积3134.94公顷)。整合优化后自然保护地面积占咸阳市国土面积的6.49%，较整合优化前减少了0.41%。通过整合优化工作，明确了咸阳市各类自然保护地的数量、性质、面积、矢量边界范围、功能分区以及分区管控要求，比较全面地解决了自然保护地内存在的历史遗留和现实冲突问题，为自然保护地的保护管理和咸阳市社会经济可持续发展提供了有力支撑。

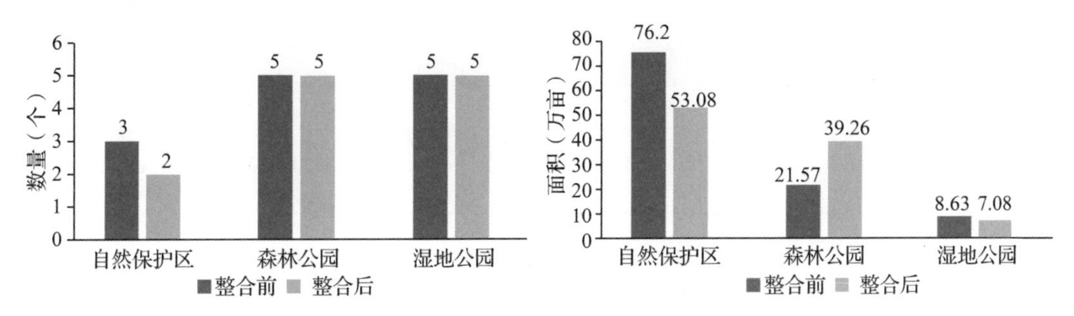

图 9-4 自然保护地整合优化前后数据变化情况

9.7 林业基础设施全面改善

修建林区道路 6.3 公里，新建房屋 22 间、仓库 263 平方米、围墙 200 米，修缮房屋 14 间，整修线路 500 米，有效改善了国有林场生产生活条件。依托乡镇林业站建设项目，先后为淳化县方里镇林业站、旬邑县底庙镇林业站、乾县梁山镇林业站、长武县林业技术推广中心、淳化县十里塬镇、礼泉县叱干镇修缮办公用房 1175 平方米、购置办公设备 123 台(套)；硬化院内道路 2850 平方米，建花坛 400 平方米，晾晒场 200 平方米，基层林业单位办公条件和设备得到改善。积极推广无公害防控技术，喷烟、喷雾、性诱和新型捕鼠神箭、神器等森防设施全面配备，建立了国家、省、市、县 4 级经济林鼠兔害、病虫害无公害防治示范基地 8 处，旬邑、淳化和兴平等县(市)建立了林业有害生物标本室 100 多平方米，收集保存了咸阳市主要病虫及其寄主植物标本。林业有害生物监测预警、检疫御灾和应急防控减灾的能力得到提升。林木种苗基础设施和质检站建设得到加强，乾县、旬邑、永寿、礼泉、兴平、泾阳建立了林木良种培育基地，为淳化、永寿两县林业质检站配备了一批检测仪器，使得两县林木种苗质量检测能力得到进一步提升。

9.8 生态脱贫取得阶段性成效

积极履行“生态补偿脱贫一批”牵头职责，创新落实生态脱贫“三大政策”，推进群众增收“三个工程”，建立工作落实“三项机制”，实现生态脱贫“三增目标”“四三模式”，做到脱贫攻坚和乡村振兴深度融合，改善生态、发展经济和农民增收脱贫“三赢”。“十三五”期间，累计争取陕西省林业各类资金 11.2 亿元，其中投向北部 4 个贫困摘帽县 6.15 亿元，占全市林业总投资的 55%。建档立卡贫困户生态补偿收入 8184 万元，累计惠及 2.6 万户 9.8 万人(次)，覆盖全市贫困人口的 21.5%。市林业局共向永寿、长武、淳化、旬邑 4 县争取中央建档立卡贫困人口生态护林员补助资金 4346 万元，累计选聘生态护林员 7051 人次。生态护林员年均劳务补助达到 6163 元。市林业局连续三次获得咸阳市委市政府“脱贫攻坚工作优秀单位”荣誉称号。

表 9-1 生态护林员和惠及贫困人数年度变化情况

年份	选聘人数(人)	带动脱贫人数(人)	中央资金投入(万元)
2016	1263	4439	663
2017	1265	4735	663
2018	1381	5297	898
2019	1570	5710	1061
2020	1572	5972	1061

总的来看，全市林业“十三五”各项建设任务和发展指标已经全面完成，森林面积增加、质量提升，生态生产力不断迈上新台阶，生态空间全面进入融合发展和系统治理新阶段。

表 9-2 咸阳市“十三五”林业发展主要指标完成情况

主要指标	规划目标	完成
森林覆盖率(%)	38.95	38.81
森林蓄积量(万立方米)	1300	1452
林地保有量(万亩)	758	758.96
湿地保有量(万亩)	17.25	17.25
国家重点保护野生动植物保护率(%)	95	95
林业自然保护地面积占国土比例(%)	6.95	6.95

国家森林城市创建与评价研究

咸阳创建国家森林城市的方法与实践

评定篇

第10章 咸阳创建国家森林城市新指标体系研究

以《陕西省咸阳市创建国家森林城市总体规划》为统揽，对标国家森林城市建设5大类36项指标，经自查，5大类36项指标全部达标。

10.1 城市森林网络体系

10.1.1 林木覆盖率

一是指标要求。年降水量400~800毫米的城市，林木覆盖率达30%以上。

二是调查方法。根据咸阳市二类资源清查更新数据进行计算。

三是计算结果。咸阳切实践行“绿水青山就是金山银山”理念，坚持“整体保护、系统修复、综合治理、高质量发展”四大原则，全面推行林长制，科学布局“森林、湿地、草地、荒山荒地、自然景观”五大阵地，统筹推进“生态保护、生态恢复、生态重建、生态富民、生态服务、生态安全”六条战线，不断夯实“智能、人文、资金、法治、组织”五项保障，扎实开展“咸阳市生态空间治理”“咸阳市黄河流域生态空间治理”两个“十大行动”，扎实推进“生态空间治理”和“创建国家森林城市”两个“十大工程”，在咸阳市年平均降水量为537~650毫米条件下，基本实现了山青坡绿、林茂草盛、天蓝地绿、自然和谐、生态优美的森林城市。根据咸阳森林资源清查数据资料，咸阳市国土面积101.96万公顷，现有的乔木林地面积38.98万公顷、灌木林地面积1.92万公顷、城区林木覆盖面积为1.9万公顷，全市林木覆盖率为41.98%，见表10-1。

表10-1 咸阳市林木覆盖率统计

统计单位	土地总面积（公顷）	林木面积合计（公顷）	有林地面积（公顷）	灌木林地面积（公顷）			城区乔、灌木覆盖面积（公顷）	林木覆盖面积（%）
				小计	国家特别规定灌木林	其他灌木林		
咸阳市	1019647.5	428023.6904	389787.78	19241.96	5963.89	13278.07	18993.95	41.98
中心城区	52626	19334.34	3868.89	0	0	0	15465.45	36.74

（续）

统计单位	土地总面积（公顷）	林木面积合计（公顷）	有林地面积（公顷）	灌木林地面积（公顷）			城区乔、灌木覆盖面积（公顷）	林木覆盖面积（%）
				小计	国家特别规定灌木林	其他灌木林		
兴平市	50846. 7	10586. 2419	9974. 85	0			611. 39	20. 82
武功县	39120	7030. 4437	6722. 79	64. 42		64. 42	243. 23	17. 97
泾阳县	77757. 8	27635. 55	23829. 91	3341		3341	464. 64	35. 54
三原县	57740	19232. 9459	17437. 97	1210. 35		1210. 35	584. 63	33. 31
乾县	100180	31928. 7624	30968. 67	510. 9		510. 9	449. 19	31. 87
礼泉县	101137	38560. 5692	37950. 74	289. 59	253. 19	36. 4	320. 24	38. 13
永寿县	88573. 3	44277. 732	41824. 68	2326. 8		2326. 8	126. 25	49. 99
彬州市	118520	58371. 8023	57480. 53	613. 5		613. 5	277. 77	49. 25
长武县	56826. 7	27874. 1	27189. 6	491. 8	491. 8		192. 70	49. 05
旬邑县	178713. 3	102595. 066	96873. 73	5552	5042	510	169. 34	57. 41
淳化县	97606. 7	40596. 137	35665. 42	4841. 6	176. 9	4664. 7	89. 12	41. 59

10. 1. 2　城区绿化覆盖率

一是指标要求。城区绿化覆盖率达 40%以上。

二是调查方法。根据市住建局提供的城市绿地资源数据。

三是计算结果。咸阳市稳步推进“森林学校、森林单位、绿色道路、绿色城市”等为主要内容的绿色家园建设活动，积极实施拆墙透绿工程，利用屋顶、墙面、栏杆等实施立体绿化和垂直绿化，提高了现有绿化用地的利用率，使城区内的景观质量有所改善。目前，咸阳市建成区绿化覆盖面积达 22942. 05 公顷，各类绿地面积为 22325. 81 公顷，绿化覆盖率为 45. 19%，营造出城在林中、山环水绕、三季有花、四季常青的“花园式”城市景观，见表 10-2 至表 10-4，图 10-1。

表 10-2　咸阳市下辖县（市、区）建成区绿地指标情况

县（市、区）	建成区面积（公顷）	绿化覆盖面积（公顷）	绿化覆盖率（%）
咸阳市	50764	22942. 05	45. 19
中心城区	38500	17968	46. 67
兴平市	2289	978. 6	42. 75
武功县	831	209. 26	25. 18
泾阳县	1200	582. 35	48. 53
三原县	1699	661. 7	38. 94
乾县	1668	671. 66	40. 26
礼泉县	1598	665. 6	41. 65
永寿县	630	234. 65	37. 24
彬州市	949	385. 2	40. 59

（续）

县(市、区)	建成区面积(公顷)	绿化覆盖面积(公顷)	绿化覆盖率(%)
长武县	500	221.55	44.31
淳化县	290	102.36	35.29
旬邑县	610	261.12	42.81

注：中心城区包括秦都区、渭城区及西咸新区的部分地区，下同。

表 10-3　2020 年咸阳市下辖县(市、区)各类绿地面积

县(市、区)	公园绿地(公顷)	附属绿地(公顷)	防护绿地(公顷)	生产绿地(公顷)	其他绿地(公顷)	合计(公顷)
咸阳市	3492.67	4856.16	4974.66	4593.09	4409.23	22325.81
中心城区	2438.54	3532	3821.05	4252	3525.15	17568.74
兴平市	305.13	210.7	192.6	65.2	163.3	936.93
武功县	46.85	26.11	60.22	57.08		190.26
泾阳县	82.26	265.13	200.36		14.99	562.74
三原县	123.5	233.4	37.4	122.6	114.9	631.8
乾县	135.2	97.81	15.68	50.65	352.6	651.94
礼泉县	124.6	220.8	279	2.5	17.7	644.6
永寿县	44.1	74.83	20.83	12.2	63.79	215.75
彬州市	103.5	75.6	98.7	9.7	89.6	377.1
长武县	24.14	37	114.05	13.96	16.4	205.55
淳化县	22.82	33.72	40.77			97.31
旬邑县	42.03	49.06	94	7.2	50.8	243.09

表 10-4　咸阳市下辖县(市、区)建成区 2020 年各类绿地统计

县(市、区)	绿地类别	数量(处)	绿地面积(公顷)
中心城区	公园绿地	54	2438.54
	附属绿地	86	3532
	防护绿地	11	3821.05
	生产绿地	126	4252
	其他绿地	22	3525.15
	小计	299	17568.74
兴平市	公园绿地	5	305.13
	附属绿地	8	210.7
	防护绿地	5	192.6
	生产绿地	66	65.2
	其他绿地	23	163.3
	小计	107	936.93

（续）

县(市、区)	绿地类别	数量(处)	绿地面积(公顷)
武功县	公园绿地	1	46.85
	附属绿地	83	26.11
	防护绿地	7	60.21
	生产绿地	17	46.58
	其他绿地	12	10.51
	小计	120	190.26
乾县	公园绿地	1	135.2
	附属绿地	26	97.81
	防护绿地	11	15.68
	生产绿地	65	50.65
	其他绿地	17	352.6
	小计	120	651.94
礼泉县	公园绿地	1	124.6
	附属绿地	115	220.8
	防护绿地	6	173.7
	生产绿地	22	2.5
	其他绿地	14	123
	小计	158	644.6
泾阳县	公园绿地	3	82.26
	附属绿地	27	265.13
	防护绿地	15	200.36
	生产绿地	33	7.43
	其他绿地	31	7.56
	小计	109	562.74
三原县	公园绿地	1	123.5
	附属绿地	128	233.4
	防护绿地	9	37.4
	生产绿地	12	122.6
	其他绿地	5	114.9
	小计	155	631.8

（续）

县(市、区)	绿地类别	数量(处)	绿地面积(公顷)
永寿县	公园绿地	4	44.1
	附属绿地	66	74.83
	防护绿地	12	20.83
	生产绿地	16	12.2
	其他绿地	21	63.79
	小计	119	215.75
彬州市	公园绿地	4	103.5
	附属绿地	67	75.6
	防护绿地	17	98.7
	生产绿地	21	9.7
	其他绿地	27	89.6
	小计	136	377.1
长武县	公园绿地	1	24.14
	附属绿地	92	37
	防护绿地	11	114.05
	生产绿地	25	13.96
	其他绿地	16	16.4
	小计	145	205.55
旬邑县	公园绿地	5	42.03
	附属绿地	91	49.06
	防护绿地	7	94
	生产绿地	16	7.2
	其他绿地	18	50.8
	小计	137	243.09
淳化县	公园绿地	3	22.82
	附属绿地	85	33.72
	防护绿地	8	30.71
	生产绿地	16	4.96
	其他绿地	9	5.1
	小计	121	97.31

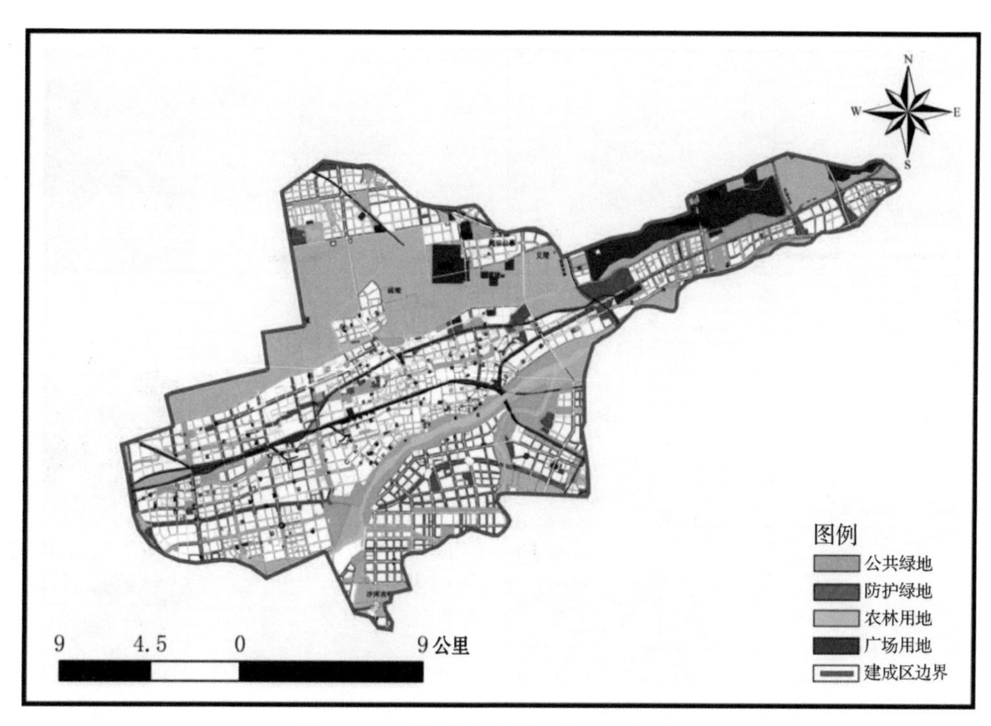

图10-1 咸阳市中心城区绿地现状分布

10.1.3 城区树冠覆盖率

一是指标要求。城区树冠覆盖率达25%以上，下辖的县(市)城区树冠覆盖率达20%以上。

二是调查方法。咸阳市共辖2区2市9县，对于城区树冠覆盖率，采用2020年咸阳市1米高分辨率遥感影像的随机点样法目视解译，根据国外相关文献研究成果按照每平方公里16个点的标准进行样点布设。对于下辖的2市9县，采取完全目视解译法，对城区树冠覆盖进行解译。

三是计算结果。咸阳市城区绿化注重选用乡土景观乔木树种，并注重乔花灌草多层覆盖的绿化模式应用。在不影响安全的情况下，采取近自然管理方式，减少截干修剪，以提高树冠覆盖度，初步形成了乔木与灌木俯仰多姿，绿树与花卉相映生辉，三季有花、四季常青的绿化格局。据测算，咸阳市城区面积为38500公顷，共布设样点数量6062个，其中目视判读为“乔灌木”的样点数量为2435个，判读为“非乔灌木”的样点数量为3627个，在95%的置信区间内估计的树冠覆盖率为40.17%±0.63%，即39.54%~40.8%，达到城区树冠覆盖率25%以上的标准。下辖各县(市)城区树冠覆盖率均达到20%以上(图10-2、图10-3、表10-5)。

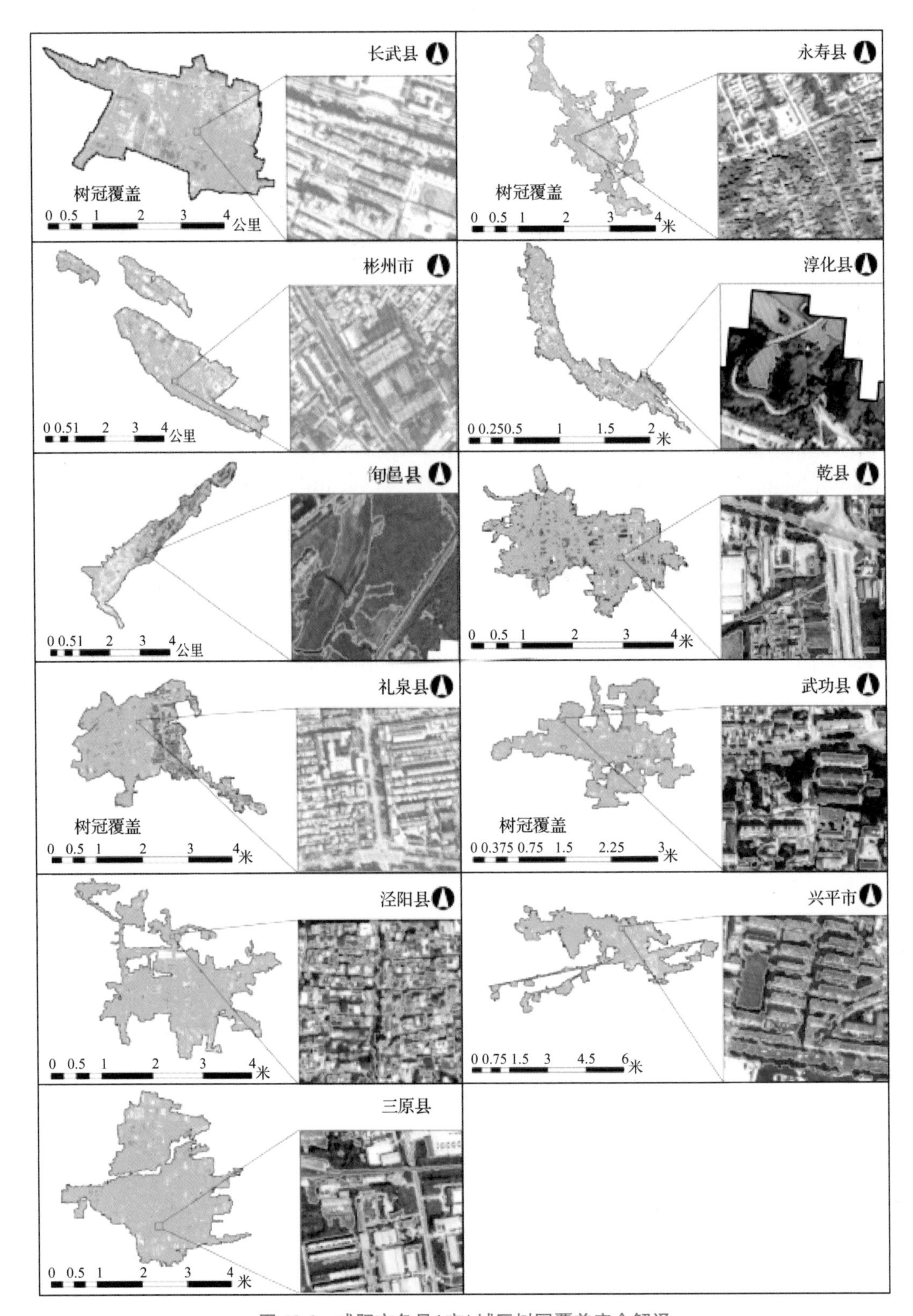

图 10-2 咸阳市各县(市)城区树冠覆盖完全解译

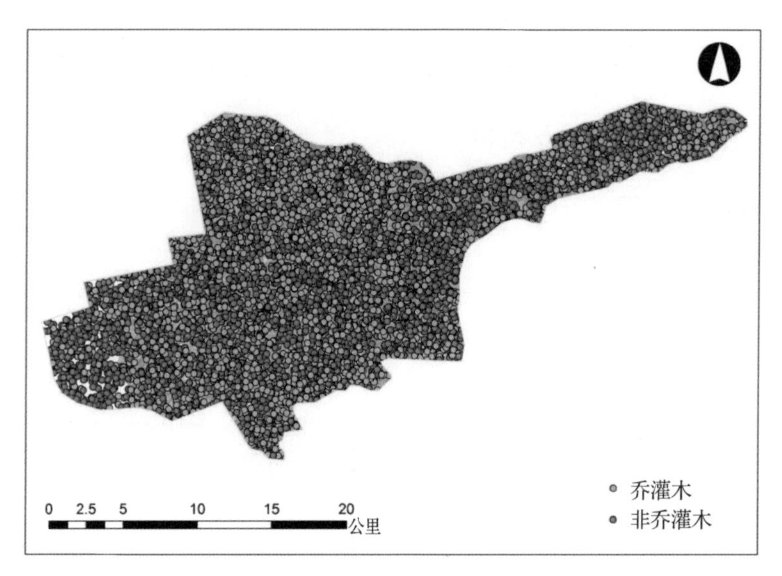

图 10-3 咸阳市中心城区树冠覆盖率随机点布设空间分布

表 10-5 咸阳市树冠覆盖分析

县(市、区)	城区面积(公顷)	树冠覆盖面积(公顷)	树冠覆盖率(%)
中心城区	38500	15465. 45	40. 17
兴平市	2289	611. 39	26. 71
礼泉县	1598	320. 24	35. 67
彬州市	949	277. 77	26. 76
泾阳县	1200	464. 64	38. 72
三原县	1699	584. 63	34. 41
永寿县	630	126. 25	20. 04
乾县	1668	449. 19	26. 93
武功县	831	243. 23	29. 27
长武县	500	192. 70	38. 54
淳化县	290	89. 12	30. 73
旬邑县	610	169. 34	27. 76

10. 1. 4 城区人均公园绿地面积

一是指标要求。城区人均公园绿地面积达 12 平方米以上。

二是调查方法。根据城市绿化部门提供的城市绿地资源数据。

三是计算结果。城市公园一直是咸阳森林城市建设的重点，是市民日常休闲游憩最重要的场所。在森林城市建设中，咸阳市重点进行公园和休闲绿地的建设，采取新建、改建各类城市公园、游园、街旁绿地等 271 处，为群众创造了更多、更舒适的城市公园和绿地。目前，咸阳市建成区公园绿地面积达 3492. 67 公顷，人均公园绿地面积为 14. 92 平方米，达到了《国家森林城市评价指标》(GB/T 37342—2019)人均 12 平方米的要求，见表 10-6 至表 10-7。

表 10-6 咸阳市城区公园绿地指标情况

县(市、区)	建成区人口(万人)	公园绿地面积(公顷)	人均公园绿地面积(平方米)
咸阳市	234.09	3492.67	14.92
中心城区	144.49	2438.54	16.88
兴平市	19.8	305.13	15.41
武功县	5.5	46.85	8.52
泾阳县	5.3	82.26	15.52
三原县	14.5	123.5	8.52
乾县	12	135.2	11.27
礼泉县	10.34	124.6	12.05
永寿县	4.5	44.1	9.80
彬州市	7.9	103.5	13.10
长武县	4	24.14	6.04
淳化县	2.2	22.82	10.37
旬邑县	3.56	42.03	11.81

表 10-7 咸阳市下辖县(市、区)建成区公园名录

县(市、区)	序号	名称	性质	公园面积(公顷)	行政区划
中心城区	中心城区合计			2438.54	
	秦都区、渭城区合计			1581.5	
	1	渭滨公园	综合性公园	23.89	秦都区
	2	古渡公园	综合性公园	6.1	渭城区
	3	咸阳湖景区	综合性公园	726.7	秦都区
	4	西渭苑	综合性公园	6.67	秦都区
	5	千亩林公园	综合性公园	56.67	秦都区
	6	沣河绿林公园	综合性公园	17.07	秦都区
	7	望贤绿林	游园	7	渭城区
	8	金旭路绿地	游园	4.67	渭城区
	9	彩虹绿地	游园	15.6	秦都区
	10	曹家生态园	游园	31	渭城区
	11	中华广场	游园	3.3	秦都区
	12	人民广场	公共绿地	2.46	秦都区
	13	地热广场	游园	3.84	渭城区
	14	咸通带状绿地	游园	15.18	秦都区
	15	沣河桥三角绿地	游园	12.5	秦都区
	16	宝泉路三角绿地	游园	2.27	秦都区
	17	高速路口花卉绿地	游园	1.4	秦都区
	18	文林带状绿地	游园	11.25	渭城区
	19	吴家堡绿地	游园	15.69	秦都区
	20	渭阳西路绿地	游园	12.2	秦都区
	21	西电工业园	游园	1.45	秦都区

（续）

县(市、区)	序号	名称	性质	公园面积(公顷)	行政区划
中心城区	22	世纪西路绿地	游园	11.6	秦都区
	23	咸阳桥北绿地	游园	1.63	秦都区
	24	秦皇南路绿地	游园	2.4	秦都区
	25	陕中附院游园	游园	1.5	秦都区
	26	水利局绿地	游园	3	秦都区
	27	东防洪渠带状绿地	游园	16.93	渭城区
	28	钟楼广场	游园	1.67	渭城区
	29	文林广场	游园	4	渭城区
	30	南安村绿地	游园	13.4	秦都区
	31	文咸广场	游园	5.33	秦都区
	32	丝路公园	游园	20.01	秦都区
	33	柳仓休闲绿地	社区公园	23.33	秦都区
	34	郭旗寨休闲绿地	社区公园	12	渭城区
	35	兰池休闲景观带	社区公园	27.27	渭城区
	36	市政府、政协广场绿地	游园	0.7	秦都区
	37	市财政局绿地	社区公园	0.3	秦都区
	38	乐育路立交绿地	游园	0.9	渭城区
	39	陈杨寨十字转盘街心花园	游园	5.86	秦都区
	40	宝泉路绿岛	游园	1.8	秦都区
	41	蓝马啤酒厂绿岛	社区公园	1.8	秦都区
	42	老市委小广场	游园	0.11	秦都区
	43	烟草公司游园	社区公园	0.4	秦都区
	44	彩虹桥广场	游园	1.32	秦都区
	45	秦都区政府广场	游园	0.84	秦都区
	46	锦绣广场	游园	0.58	渭城区
	47	咸通广场	游园	10.53	渭城区
	48	凤凰广场	游园	10.85	渭城区
	49	世纪广场	游园	0.4	秦都区
	50	中午台广场	游园	0.5	渭城区
	51	秦阳花园	游园	3.7	秦都区
	52	中华绿地	游园	2.9	秦都区
	53	咸阳职业技术学院绿地	社区公园	8.2	秦都区
	54	国际商贸学院绿地	社区公园	12	秦都区
	55	服装艺术学院集中绿地	社区公园	5.26	秦都区
	56	中医学院集中绿地	社区公园	6.32	秦都区
	57	金泰丝路花城绿地	社区公园	3.2	秦都区
	58	镐京学院集中绿地	社区公园	5.6	秦都区
	59	双湖绿地	公共绿地	72.8	秦都区
	60	渭柳湿地	公共绿地	125	渭城区

（续）

县(市、区)	序号	名称	性质	公园面积(公顷)	行政区划
中心城区	61	两寺渡公园	公共绿地	65.3	秦都区
	62	厚德绿地	公共绿地	17	渭城区
	63	咸平路绿地	公共绿地	2	秦都区
	64	梦桃公园	公共绿地	2.7	秦都区
	65	文兴广场	公共绿地	5.1	秦都区
	66	文林西路绿地	公共绿地	3.4	秦都区
	67	文渊绿地	公共绿地	13.2	渭城区
	68	长庆户外广场	公共绿地	16.6	渭城区
	69	体育场十字绿地	公共绿地	2.6	秦都区
	70	清渭搂广场	公共绿地	2.1	秦都区
	71	安定路广场	公共绿地	1.8	秦都区
	72	高铁站前广场	公共绿地	3	秦都区
	73	文林东路绿地	公共绿地	43.85	渭城区
		西咸新区合计		857.04	
	1	湿地公园一期	游园	34.38	西咸新区
	2	秦汉渭河湖泊湿地生态公园	游园	30	西咸新区
	3	秦汉湿地二期	游园	11.1	西咸新区
	4	秦汉湿地三期	游园	6.71	西咸新区
	5	兰池佳苑一期	游园	4.5	西咸新区
	6	兰池佳苑南门城市绿带	游园	0.51	西咸新区
	7	秦韵佳苑	游园	7.7	西咸新区
	8	秦韵佳苑南门城市绿带	游园	0.58	西咸新区
	9	正阳大桥立交绿化	游园	4.5	西咸新区
	10	兰池大道北侧绿化	游园	18.7	西咸新区
	11	秦文明广场中轴景观带旅游基础设施项目	游园	46	西咸新区
	12	西部芳香园	公共绿地	15	西咸新区
	13	秦汉新城管委会绿地	公共绿地	2	西咸新区
	14	渭柳公园	游园	20.4	西咸新区
	15	新渭沙湿地公园	游园	95.89	西咸新区
	16	环形公园三期	游园	23.77	西咸新区
	17	环形公园四期	游园	11	西咸新区
	18	创业广场	游园	0.35	西咸新区
	19	新河生态景观工程一期	游园	146.6	西咸新区
	20	云谷公园	游园	4.27	西咸新区
	21	白马河公园	游园	4	西咸新区
	22	云谷二期	游园	5.4	西咸新区
	23	中心绿廊二期	游园	12.3	西咸新区
	24	沣河湿地生态修复项目(文教园段)	游园	86.6	西咸新区
	25	沣河滩区综合治理项目	游园	12	西咸新区

（续）

县(市、区)	序号	名称	性质	公园面积(公顷)	行政区划
中心城区	26	渭河滩区综合治理项目	游园	2.3	西咸新区
	27	连霍高速渭河桥段公共绿地	游园	78.74	西咸新区
	28	崇文六艺公园	游园	33.6	西咸新区
	29	唐昭容上官氏公园	游园	0.41	西咸新区
	30	唐顺陵	游园	27.9	西咸新区
	31	空港花园公共绿地项目	游园	2.05	西咸新区
	32	萧何曹参遗址公园	游园	5.85	西咸新区
	33	南区中央雨虹调蓄枢纽	游园	3	西咸新区
	34	幸福公园一期	游园	2	西咸新区
	35	司家庄秦陵遗址公园	游园	57.44	西咸新区
	36	迎宾大道与周公大道交汇处西北角街头公园绿地	游园	0.7	西咸新区
	37	自贸大道与正平大街交汇处东南角街头水景公园	游园	2	西咸新区
	38	旅游路与周公大道交海绵城市街头绿地	游园	10.05	西咸新区
	39	环形公园三期东、西广场	游园	2.2	西咸新区
	40	环形公园四期运动广场	游园	0.24	西咸新区
	41	空港新城站北侧街角公园	游园	1	西咸新区
	42	幸福里小区西侧街角公园	游园	1.5	西咸新区
	43	空港大道与天翼大道十字街角公园	游园	2	西咸新区
	44	正阳公园	游园	13.72	西咸新区
	45	摆旗寨车站口袋公园	游园	0.15	西咸新区
	46	兰池佳苑南侧口袋公园	游园	0.3	西咸新区
	47	张裕酒庄口袋公园	游园	0.03	西咸新区
	48	沣泾大道休闲绿地广场(阜下村口)	游园	0.64	西咸新区
	49	管委会东侧口袋公园	游园	4	西咸新区
	50	崇文尚学一期(六艺公园)	游园	0.96	西咸新区
彬州市	合计			103.5	
	1	开元广场	公共绿地	9	彬州市
	2	诗经风情园	公共绿地	65	彬州市
	3	新区广场	公共绿地	16	彬州市
	4	菊花广场	公共绿地	6.5	彬州市
	5	七星台公园	游园	1.5	彬州市
	6	新区广场	游园	5.5	彬州市
淳化县	合计			22.82	
	1	东山公园	综合公园	9.52	淳化县
	2	鼎湖滨水公园	专类公园	2.49	淳化县

（续）

县(市、区)	序号	名称	性质	公园面积(公顷)	行政区划
淳化县	3	梨园广场	游园	2.66	淳化县
	4	人民广场	游园	0.87	淳化县
	5	迎宾广场	游园	0.91	淳化县
	6	体育馆周边绿化广场	游园	1.44	淳化县
	7	思源广场	游园	1.08	淳化县
	8	枣坪广场	游园	0.83	淳化县
	9	烈士陵园	专类公园	1.61	淳化县
	10	民政广场	游园	0.13	淳化县
	11	职中北广场	游园	0.36	淳化县
	12	宋城墙遗址游园	游园	0.21	淳化县
	13	文昌阁游园	游园	0.46	淳化县
	14	西山观景亭游园	游园	0.25	淳化县
	合计			82.26	
泾阳县	1	泾干湖公园	公园	11.8	泾阳县
	2	城西步道	游园	1.66	泾阳县
	3	郑国广场	公共绿地	6.7	泾阳县
	4	文庙广场	公共绿地	0.33	泾阳县
	5	钟楼广场	公共绿地	0.34	泾阳县
	6	泾阳博物馆广场	公共绿地	1.2	泾阳县
	7	泾阳农业主题公园	公园	42.3	泾阳县
	8	泾阳乐华城公园	公园	17.93	泾阳县
	合计			124.6	
礼泉县	1	怡和公园(生态遗址公园)	公园	113.48	礼泉县
	2	中心广场	游园	1.33	礼泉县
	3	雒村广场	游园	0.42	礼泉县
	4	育才广场	游园	1.45	礼泉县
	5	龙腾广场	游园	1.64	礼泉县
	6	黄埔广场	游园	1.2	礼泉县
	7	城市运动广场	游园	4.04	礼泉县
	8	迎恩门广场	游园	0.77	礼泉县
	9	统一广场	游园	0.27	礼泉县
	合计			135.2	
乾县	1	古城墙遗址公园	游园	29.2	乾县
	2	人民广场	公共绿地	2.5	乾县
	3	翼马广场	公共绿地	3	乾县

（续）

县(市、区)	序号	名称	性质	公园面积(公顷)	行政区划
乾县	4	铜牛广场	公共绿地	1.5	乾县
	5	第四广场	公共绿地	5	乾县
	6	西大街转盘	公共绿地	1.5	乾县
	7	城东产业园集中绿地	公共绿地	6.9	乾县
	8	东新街广场	公共绿地	2.9	乾县
	9	御园西区广场	公共绿地	2.1	乾县
	10	人口文化园广场	公共绿地	2.5	乾县
	11	南湖公园	公共绿地	5	乾县
	12	薛录人民公园	公共绿地	4.5	乾县
	13	大唐小镇公园	游园	56	乾县
	14	牡丹观赏园	游园	12.6	乾县
	合计			123.5	
三原县	1	清河公园	游园	58	三原县
	2	池阳绿林公园	游园	4	三原县
	3	新都汇小游园	游园	0.6	三原县
	4	紫韵龙桥小游园	游园	0.42	三原县
	5	交大康桥小游园	游园	0.4	三原县
	6	豪城小区小游园	游园	0.8	三原县
	7	梧桐华池小游园	游园	0.4	三原县
	8	兴隆花园小游园	游园	0.6	三原县
	9	东郊体育公园	游园	4	三原县
	10	新庄立交街旁绿地	游园	9.98	三原县
	11	环线新庄立交附近街旁绿地	游园	16.5	三原县
	12	碧水源街旁绿地	游园	3.6	三原县
	13	出入口街旁绿地	游园	14.83	三原县
	14	临履桥广场	游园	2.55	三原县
	15	城隍庙广场	游园	1.85	三原县
	16	人民广场	游园	2.04	三原县
	17	油坊道广场	游园	0.42	三原县
	18	火车站广场	游园	0.35	三原县
	19	中心花园	游园	0.87	三原县
	20	崔矿小广场	游园	0.03	三原县
	21	昌鑫广场	游园	0.57	三原县
	22	白鹿花园	游园	0.14	三原县
	23	宏达广场	游园	0.07	三原县

（续）

县(市、区)	序号	名称	性质	公园面积(公顷)	行政区划
三原县	24	金桥广场	游园	0.08	三原县
	25	池阳桥小广场	游园	0.02	三原县
	26	清林广场	游园	0.35	三原县
	27	福汇佳园安居二期小广场	游园	2.53	三原县
	28	城东运动公园	游园	6.5	三原县
武功县	合计			46.85	
	1	武功县中心公园	游园	0.55	武功县
	2	武功县绿野休闲公园	游园	4.67	武功县
	3	武功人口文化园	公共绿地	0.66	武功县
	4	苏武大道公园	公共绿地	4.46	武功县
	5	武功镇漆水河景观公园	游园	4.3	武功县
	6	武功县园林公园	公共绿地	5.6	武功县
	7	火车站广场	公共绿地	2.1	武功县
	8	财政局广场	公共绿地	1.6	武功县
	9	迎宾广场	公共绿地	3.3	武功县
	10	武功县体育生态公园	公共绿地	7.6	武功县
	11	后稷广场	公共绿地	8	武功县
	12	贞观盛世广场	公共绿地	1.2	武功县
	13	苏绘文化广场	公共绿地	2.81	武功县
兴平市	合计			305.13	
	1	城北生态公园	游园	99.3	兴平市
	2	城北公园	游园	88.8	兴平市
	3	莽山公园	游园	80.33	兴平市
	4	航空广场	游园	2.8	兴平市
	5	陕柴广场	游园	1.3	兴平市
	6	华兴广场	游园	2.4	兴平市
	7	百姓广场	游园	0.05	兴平市
	8	希望广场	游园	0.07	兴平市
	9	建材广场	游园	0.02	兴平市
	10	政协广场	游园	0.08	兴平市
	11	方圆广场	游园	0.07	兴平市
	12	兴包文化广场	游园	0.08	兴平市
	13	迎宾广场	游园	0.5	兴平市
	14	兴化大项目广场	游园	2.5	兴平市
	15	秦岭憩园	游园	0.4	兴平市

（续）

县(市、区)	序号	名称	性质	公园面积(公顷)	行政区划
兴平市	16	迎宾大道转盘	游园	0. 8	兴平市
	17	中心花坛	游园	0. 7	兴平市
	18	西立交匝道绿地	游园	10	兴平市
	19	南郊中学门前绿地	游园	0. 3	兴平市
	20	兴化厂门前绿地	游园	0. 7	兴平市
	21	槐里路什字	游园	0. 2	兴平市
	22	兴化厂桥北绿地	游园	0. 2	兴平市
	23	高速路出口绿地	游园	2. 2	兴平市
	24	中心大街南段绿地	游园	2. 8	兴平市
	25	莽山公园(花海)	游园	8	兴平市
	26	中心大街西北角街头绿地	游园	0. 53	兴平市
	合计			42. 03	
旬邑县	1	翠屏苑	专类公园	12. 68	旬邑县
	2	迎宾苑	专类公园	0. 88	旬邑县
	3	书苑广场	游园	1. 33	旬邑县
	4	书香公园	专类公园	13. 11	旬邑县
	5	紫薇花园	专类公园	0. 89	旬邑县
	6	古豳文化博览园	专类公园	5. 03	旬邑县
	7	水街游园	游园	3. 8	旬邑县
	8	防洪堤广场	广场用地	1. 67	旬邑县
	9	西桥小游园	游园	0. 88	旬邑县
	10	烈士陵园	专类公园	1. 44	旬邑县
	11	二八纪念馆	专类公园	0. 19	旬邑县
	12	街心花园	游园	0. 13	旬邑县
	合计			44. 1	
永寿县	1	美井湖公园	游园	7. 1	永寿县
	2	城南公园	游园	0. 71	永寿县
	3	永寿中心广场	公共绿地	2. 1	永寿县
	4	朱雀锦绣园广场	公共绿地	0. 5	永寿县
	5	火车站前广场	公共绿地	2. 1	永寿县
	6	新庄绿地广场	公共绿地	1. 3	永寿县
	7	古屯中心广场	公共绿地	0. 5	永寿县
	8	312 改线中心广场	公共绿地	2. 7	永寿县
	9	林苑广场	公共绿地	1. 2	永寿县
	10	水立方运动广场	公共绿地	0. 5	永寿县

（续）

县(市、区)	序号	名称	性质	公园面积(公顷)	行政区划
永寿县	11	县城北广场	公共绿地	1.2	永寿县
	12	平角十字	公共绿地	7.2	永寿县
	13	南湖新广场	公共绿地	2.1	永寿县
	14	万寿路绿地公园	游园	2.2	永寿县
	15	312 改线绿地	公共绿地	11.69	永寿县
	16	双星沟生态湿地	游园	1	永寿县
	合计			24.14	
长武县	1	城北公园	游园	8.54	长武县
	2	应急避难广场	公共绿地	15.6	长武县

10.1.5 城区林荫道路率

一是指标要求。城区主干路、次干路林荫道路率达 60%以上。

二是调查方法。根据 2019 年生长季的咸阳市城区 0.5 米分辨率卫星影像，对咸阳市城区主次干道边界进行矢量化，并对道路边界内树冠覆盖进行目视解译，计算道路树冠覆盖率，并统计符合林荫道路标准的道路数量及比例。

三是计算结果。咸阳市坚持在层次、空间上做文章，以完善层次、丰富空间、增加景观为重点，形成良好的林荫效果和景观效果。在建设过程中，不仅注重选择大气污染有较强的吸污、抗污染的能力和较强的噪声防护功能的树种，而且还考虑其景观功能，适当搭配一些彩色观花树种等。在现有的林荫道路中，绿化树种大多以高大乔木为主，如国槐、二球悬铃木、毛白杨、马褂木、栾树等。经统计，咸阳市城区主次干道总计 135 条，总长度为 378.62 公里，按照树冠覆盖达 30%以上为林荫道路的标准，其中林荫道路里程为 310.42 公里，林荫道路率达 81.99%，达到城区林荫道路率 60%以上的要求，见表 10-8、图 10-4。

表 10-8 咸阳市中心城区主次干路树冠覆盖分析

序号	道路名称	道路性质	道路长度(公里)	道路面积(平方米)	树冠覆盖面积(平方米)	树冠覆盖率(%)
1	中山街	次干路	1	17241.89	16118.33	93.48
2	联盟一路	次干路	0.62	11012.61	10097.01	91.69
3	便民巷	支路	0.45	6725.84	6092.85	90.59
4	文汇东路	次干路	1.22	29798.85	26003.63	87.26
5	沈兴北路	次干路	0.41	9763.93	8397.71	86.01
6	咸通南路	次干路	1.61	85192.40	71386.29	83.79
7	思源北路	次干路	0.74	14168.10	11625.77	82.06
8	惠民巷	支路	0.53	8498.41	6964.76	81.95
9	文汇西路	次干路	2.45	51536.69	41963.22	81.42
10	联盟二路	次干路	0.7	10418.38	7951.64	76.32

（续）

序号	道路名称	道路性质	道路长度（公里）	道路面积（平方米）	树冠覆盖面积（平方米）	树冠覆盖率（%）
11	渭阳西路	主干路	3.71	133047.91	100912.88	75.85
12	沈兴南路	次干路	0.62	12240.62	9012.52	73.63
13	毕源西路	次干路	5.53	143981.01	104900.51	72.86
14	联盟三路	次干路	0.75	14673.74	10690.73	72.86
15	北平街	次干路	0.69	12745.29	9119.56	71.55
16	毕源东路	次干路	2.05	54720.88	38880.12	71.05
17	利民巷	支路	0.48	7631.55	5345.67	70.05
18	友谊路	支路	0.23	3082.36	2150.03	69.75
19	清秦街	支路	0.24	4686.31	3262.59	69.62
20	民生东路	次干路	1.06	24058.61	16285.34	67.69
21	沈平路	次干路	1.13	19821.58	13078.49	65.98
22	朝阳三路	次干路	0.94	16483.85	10826.17	65.68
23	泉南三巷	次干路	0.38	9192.58	6030.37	65.60
24	新兴北路	次干路	0.68	17785.63	11484.72	64.57
25	秦宝二路	支路	0.58	12089.87	7768.37	64.26
26	双泉村路	支路	0.58	9889.02	6329.02	64.00
27	中五台路	次干路	0.99	21504.44	13463.19	62.61
28	秦皇南路	主干路	1.05	56471.50	34956.93	61.90
29	民生西路	次干路	1.25	24912.87	15350.54	61.62
30	丰邑大道	主干路	4.57	422961.61	259769.74	61.42
31	思源南路	支路	0.55	7944.50	4867.30	61.27
32	朝阳二路	次干路	0.83	15923.63	9680.47	60.79
33	文林路	主干路	4.64	289773.25	175768.22	60.66
34	泉北二巷	支路	0.35	7532.99	4314.40	57.27
35	玉泉路	主干路	1.62	45757.57	26134.82	57.12
36	秦月路	支路	0.52	14999.23	8490.76	56.61
37	建设路	支路	1.77	46560.19	26083.24	56.02
38	滨河西路	次干路	2.98	86157.55	48188.93	55.93
39	彩虹二路	次干路	2.37	96364.58	53022.55	55.02
40	秦皇中路	主干路	0.78	35082.49	19049.01	54.30
41	广场路	次干路	0.93	30331.52	16352.62	53.91
42	陈梁路	次干路	0.43	13659.23	7328.47	53.65
43	五陵塬路	主干路	1.99	46448.47	24729.17	53.24
44	中华路	主干路	5.6	291591.46	151124.24	51.83
45	留印路	次干路	1.06	33933.99	17557.27	51.74
46	泉北三巷	支路	0.35	10052.53	5192.67	51.66

（续）

序号	道路名称	道路性质	道路长度(公里)	道路面积(平方米)	树冠覆盖面积(平方米)	树冠覆盖率(%)
47	渭阳中路	主干路	1.27	47392.34	24424.43	51.54
48	文渊西路	次干路	1.54	58878.70	29372.80	49.89
49	秦苑三路	次干路	0.73	32533.23	15933.37	48.98
50	西兴高速	快速路	22.41	1221243.06	568122.27	46.52
51	文林西路	主干路	1.88	118838.89	56027.50	47.15
52	劳动路	次干路	0.62	25474.09	12005.80	47.13
53	文苑路	次干路	1.65	58370.85	27190.24	46.58
54	望贤路	次干路	2.61	144182.10	66860.13	46.37
55	河堤路	次干路	39.6	1120367.82	510027.26	45.52
56	周康路	次干路	1.48	43762.96	20022.95	45.75
57	宝泉路	次干路	2.79	127050.42	57948.15	45.61
58	胭脂路	次干路	3.4	196560.97	89197.12	45.38
59	茂陵东街	次干路	2.04	46838.67	21117.72	45.09
60	乐育南路	次干路	0.65	18427.01	8204.25	44.52
61	丰耘路	次干路	2.62	141538.69	62804.28	44.37
62	乐育北路	主干路	0.89	26527.58	11425.90	43.07
63	会展路	次干路	0.82	36716.59	15786.60	43.00
64	汽车大道	次干路	1.67	110625.73	47417.25	42.86
65	迎宾大道	主干路	8.05	541759.28	230891.01	42.62
66	联盟四路	次干路	0.35	5144.97	2184.64	42.46
67	秦宝一路	次干路	0.41	9232.49	3898.77	42.23
68	秦宫一路	次干路	0.69	24343.25	10274.78	42.21
69	安虹路	支路	0.68	15627.54	6570.24	42.04
70	兰池大道	主干路	16.57	1335605.59	560617.95	41.97
71	天宫二路	主干路	3.29	139243.34	58062.80	41.70
72	文渊路	次干路	0.66	25078.42	10396.87	41.46
73	人民西路	主干路	3.76	185016.23	75777.78	40.96
74	香柏路	主干路	1.75	67425.86	27501.45	40.79
75	陶院巷	支路	0.38	7361.37	2994.49	40.68
76	福银高速	快速路	12.42	860331.98	364092.49	42.32
77	玉泉西路	主干路	5.58	268903.95	106550.79	39.62
78	周成路	主干路	1.64	60131.20	23724.09	39.45
79	秦皇北路	主干路	2.3	106719.14	42093.09	39.44
80	周武路	次干路	1.37	58794.64	22635.44	38.50
81	水井路	次干路	2.16	42558.77	16310.91	38.33
82	咸宋路	次干路	10.14	319693.18	108024.32	33.79

（续）

序号	道路名称	道路性质	道路长度(公里)	道路面积(平方米)	树冠覆盖面积(平方米)	树冠覆盖率(%)
83	秦宫二路	次干路	0.47	18478.79	7049.08	38.15
84	汉陵路	次干路	0.93	22809.22	8669.05	38.01
85	友谊南路	次干路	0.48	6790.67	2556.54	37.65
86	永绥街	次干路	0.31	7517.83	2827.94	37.62
87	珠泉路	主干路	9.36	184583.32	69036.98	37.40
88	白马河路	主干路	3.93	290306.70	107239.81	36.94
89	东风路	主干路	3.44	120587.48	44029.33	36.51
90	韩非路	主干路	1.75	59869.10	21748.50	36.33
91	文兴路	主干路	6.69	559572.97	201795.81	36.06
92	康定路	次干路	4.78	235091.84	84099.01	35.77
93	同德路	主干路	1.08	45496.48	16142.45	35.48
94	上召路	次干路	0.87	24283.77	8477.18	34.91
95	开元路	次干路	1.09	71839.95	24991.90	34.79
96	天工三路	主干路	1.93	51296.83	19102.94	37.24
97	创新二路	次干路	2.07	86850.95	29237.89	33.66
98	文科四路	次干路	0.62	28098.03	9295.88	33.08
99	咸兴路	次干路	8.34	547040.22	193761.65	35.42
100	柳仓街	次干路	1.33	49971.21	16361.65	32.74
101	自贸大道	主干路	0.23	11842.81	3966.16	33.49
102	咸通北路	次干路	2.8	148471.33	47861.39	32.24
103	安定路	次干路	0.68	13494.22	4313.70	31.97
104	汉仓路	次干路	2.15	98974.88	31524.89	31.85
105	机场路	次干路	6.39	309481.13	97857.93	31.62
106	西兰路	主干路	1.77	87295.04	27621.93	31.64
107	正阳南路	主干路	1.47	36698.93	11581.10	31.56
108	人民中路	主干路	1.24	55123.95	17295.84	31.38
109	西华路	主干路	0.77	24849.85	7497.20	30.17
110	扶苏路	次干路	1.62	59841.00	18254.44	30.50
111	团结路	次干路	0.75	18360.37	5594.60	30.47
112	天工一路	次干路	2.69	115196.49	35028.69	30.41
113	人民东路	主干路	3.23	137429.06	41548.36	30.23
114	世纪大道	主干路	10.28	620522.21	187165.39	30.16
115	经电路	次干路	0.74	23234.64	6959.17	29.95
116	净业大街	次干路	0.07	872.40	258.23	29.60
117	连霍高速	快速路	4.44	250817.85	73865.86	29.45
118	周公大道	主干路	2.09	132835.69	37738.62	28.41

（续）

序号	道路名称	道路性质	道路长度（公里）	道路面积（平方米）	树冠覆盖面积（平方米）	树冠覆盖率（%）
119	创业路	次干路	3.96	176013.20	51400.98	29.20
120	高科一路	主干路	2.96	171042.09	49771.40	29.10
121	光伏二路	次干路	0.85	24992.10	7227.32	28.92
122	彩虹一路	主干路	4.17	179849.14	51260.83	28.50
123	公园大道	次干路	3.32	220511.47	62663.27	28.42
124	郑国路	次干路	0.65	16436.78	4593.47	27.95
125	兰池二路	次干路	8.94	392455.78	109284.00	27.85
126	新兴南路	次干路	0.99	26168.25	7282.76	27.83
127	秦苑五路	主干路	0.89	39268.68	9220.29	23.48
128	长陵路	主干路	2.61	45433.74	12094.22	26.62
129	科技大道	主干路	0.66	23324.61	6066.99	26.01
130	上林路	主干路	11.78	653176.45	179100.98	27.42
131	沣新路	主干路	1.3	63333.49	16283.39	25.71
132	渭阳东路	主干路	2.45	54062.02	13494.18	24.96
133	统一西路	次干路	6.85	364800.01	89314.37	24.48
134	段家路	次干路	0.92	27599.61	6746.06	24.44
135	西里路	次干路	7.56	221059.29	59221.78	26.79
合计			378.62	17242106.33	7057976.15	40.93

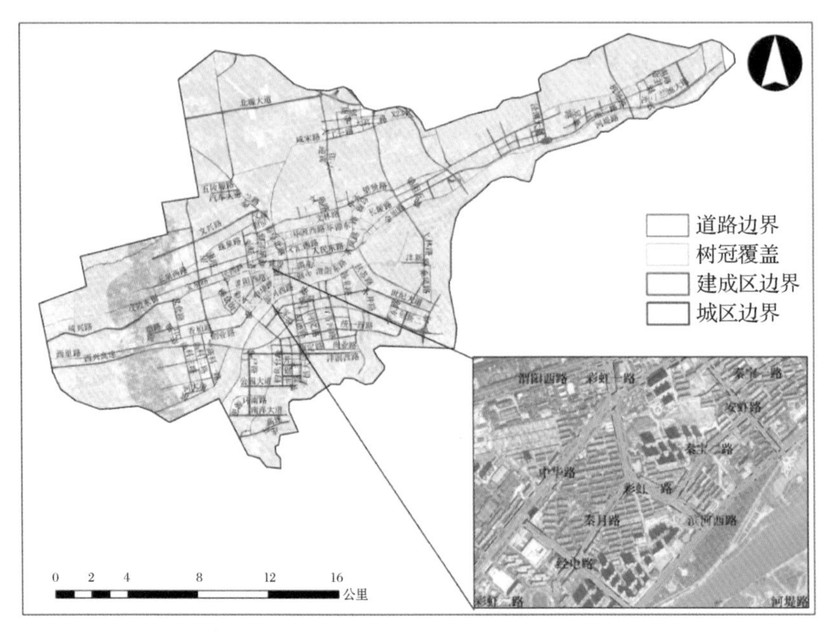

图 10-4 咸阳市中心城区主次干路树冠覆盖抽样解译

10.1.6 城区地面停车场绿化

一是指标要求。城区新建地面停车场的乔木树冠覆盖率达 30%以上。

二是调查方法。对创建以来的新建地面停车场进行实地调查。

三是计算结果。咸阳市自建设国家森林城市以来，积极推进林荫停车场建设，对新建停车场按林荫化标准进行绿化建设，并对原有地面停车场的林荫化改造。选择树种时，多采用了树干端直、分枝点高、树冠优美、遮阴效果好、冠大根深、生长适中、抵抗力强的落叶树种，如银杏、梧桐等树种。目前，咸阳市通过新建、扩建或改建的 32 处公共停车场，绿化遮阴面积 23.95 公顷，总体乔木树冠覆盖率达到 32.60%，见表 10-9。

表 10-9 咸阳市林荫停车场名录

县(市、区)	位置	停车场面积(公顷)	树冠覆盖面积(公顷)	乔木树冠覆盖率(%)
咸阳市		23.95	7.81	32.60
西咸新区	丝路公园咸平路	0.25	0.08	33.40
西咸新区	空港新城群贤路(正平大街-北杜大街)两侧 30 米公共绿化带	0.56	0.20	35.60
西咸新区	空港新城自贸大道(福银高速-正平大街)东侧 50 米绿化带	1.4	0.46	32.50
西咸新区	绿廊一期沣西中心绿廊	0.23	0.07	31.40
西咸新区	沣西沣河一期	0.2	0.07	34.20
西咸新区	秦汉新城赛特奥莱商业广场王府井．赛特奥莱	3.33	1.00	30.10
西咸新区	花园小区市新兴纺织工业园	0.73	0.27	36.70
西咸新区	咸阳湖景区咸阳湖	1.57	0.63	40.10
兴平市	西城办莽山公园	0.4	0.11	27.40
兴平市	马嵬办马嵬驿	1.5	0.41	27.60
兴平市	阜寨镇宏兴码头	1.1	0.33	30.20
武功县	武功县姜嫄水乡停车场	1	0.34	33.50
武功县	普集镇宏寨村高老庄生态停车场	0.5	0.16	31.60
礼泉县	城市新区	2.25	0.81	35.80
礼泉县	袁家村	1.33	0.48	36.20
礼泉县	烽火村	0.67	0.20	30.20
三原县	城隍庙广场	0.47	0.14	29.80
三原县	金源山庄停车场	0.27	0.10	35.60
三原县	长坳古镇停车场	0.66	0.23	35.60
永寿县	县医院门前街	0.2	0.08	40.10
永寿县	机械厂十字至南关	0.22	0.07	33.50
永寿县	药厂十字至北广场	0.35	0.11	32.70
永寿县	新永路东段林苑广场	0.2	0.07	35.10
彬州市	彬州市西大街义务商贸城停车场	0.15	0.05	35.20

（续）

县(市、区)	位置	停车场面积(公顷)	树冠覆盖面积(公顷)	乔木树冠覆盖率(%)
彬州市	彬州市西大街彬州大厦停车场	0.8	0.25	31.70
彬州市	新区广场停车场	0.1	0.03	30.40
彬州市	城区千狮桥停车场	2	0.59	29.60
彬州市	开元广场停车场	0.13	0.04	32.60
长武县	亭口镇丝路古驿公园	0.34	0.11	32.80
长武县	巨家镇杨柳生态公园	0.09	0.03	31.90
长武县	亭口镇川丰度假村	0.08	0.03	37.20
淳化县	咀头渭北风情园	0.87	0.30	34.70

10.1.7 乡村绿化

一是指标要求。乡镇道路绿化覆盖率70%以上，村庄林木绿化率30%以上，村旁、路旁、水旁、宅旁基本绿化美化。

二是调查方法。据各县(市、区)村庄绿化的系统统计，以及2020年1米遥感影像数据抽样测算核验，每个县区随机抽五个样村，共13个县(区)，总计65个样村。利用咸阳市高分辨率卫星影像图，基于ArcGIS平台，分别在咸阳市13个县区乡村区域范围内随机生成5个样点，样点分布的村落作为咸阳市村庄绿化抽样村。

三是计算结果。咸阳市在建设森林城市的过程中，持续推进“三化一片林”绿色家园示范村建设，通过围村林、庭院林、公路林、水系林及四旁绿化等绿化工程，初步形成城市森林化、城区园林化、通道林荫化、农村片林化的城乡一体化新格局。在绿化过程中，注重与周边自然、人文景观的结合与协调，并以马褂木、雪松、栾树、石榴、楸树等乡土树种为主，适当搭配灌木、花草，形成了多品种、多层次、多形式的绿化景观。据各县(市、区)村庄绿化统计，2020年年底全市村庄绿化覆盖率为39.76%，各区县都超过村庄林木绿化率30%的指标。通过影像数据解译，从抽样测算的65个村庄绿化情况来看，咸阳市村庄林木绿化覆盖率为37.64%，也已超过指标要求。同时，通过对下辖各县(市、区)的乡镇(村)道路进行抽样，其乡镇(村)道路绿化率为88.18%，见表10-10至表10-12、图10-5。

表10-10 咸阳市村庄绿化情况统计

乡镇名称	村庄居民点面积(公顷)	村庄居民点林木绿化覆盖面积(公顷)	绿化覆盖率(%)
咸阳市	38409.4	15272.2	39.76
兴平市	3303.95	1149	34.78
武功县	4440.9	2119	47.72
礼泉县	5669.24	2785.68	49.14
泾阳县	5958.43	2103.25	35.30
三原县	3213.02	1214.19	37.79
永寿县	3498.12	1258.04	35.96

（续）

乡镇名称	村庄居民点面积(公顷)	村庄居民点林木绿化覆盖面积(公顷)	绿化覆盖率(%)
彬州市	1244.66	467.6	37.57
长武县	2023.4	801.41	39.61
旬邑县	2165.29	798.64	36.88
淳化县	1109.39	431.87	38.93
乾县	5783	2143.52	37.07

表 10-11　咸阳市影像数据抽样测算村庄绿化

县(市、区)	村名	村域居住区面积(公顷)	林木绿化覆盖面积(公顷)	绿化覆盖率(%)
秦都区	崔张村	16.87	4.63	27.44
	大魏村	19.02	5.33	28.00
	东城村	11.81	3.98	33.75
	贾村	21.46	8.41	39.18
	林孟村	16.84	5.67	33.67
渭城区	陈家村	11.13	3.52	31.65
	东石村	13.06	4.33	33.14
	靳里村	30.18	13.06	43.28
	史村	38.71	12.12	31.30
	严家沟村	10.83	3.94	36.38
兴平市	北于村	18.41	6.17	33.52
	陈南村	13.86	2.84	20.51
	井王村	16.00	4.85	30.30
	罗家寨村	6.72	1.32	19.72
	三合村	15.54	3.44	22.11
泾阳县	三里村	19.00	8.88	46.72
	竹园张村	30.85	12.78	41.43
	瓦尧沟村	64.22	29.03	45.21
	金田玉村	21.56	8.50	39.44
	大训堡村	35.51	9.39	26.45
武功县	韩坡村	28.28	5.60	19.82
	金龙村	31.32	10.16	32.43
	南店村	15.92	4.16	26.14
	咬马村	21.97	5.35	24.37
	永丰村	24.73	6.62	26.79
三原县	蓟家村	8.43	3.12	36.97
	南仵村	19.55	5.46	27.93

（续）

县(市、区)	村名	村域居住区面积(公顷)	林木绿化覆盖面积(公顷)	绿化覆盖率(%)
三原县	邵村	27.55	10.87	39.46
	王店孙村	24.35	11.45	47.02
	文龙村	24.87	9.61	38.65
乾县	大墙村	46.24	15.43	33.37
	清水营村	21.34	5.88	27.54
	上陆陌村	40.80	15.29	37.49
	杨家村	26.80	13.55	50.56
	鹞子村	57.95	27.67	47.75
礼泉县	张则村	26.48	10.62	40.12
	西页沟村	13.20	4.65	35.21
	五井村	31.96	11.31	35.38
	刘东村	34.31	12.12	35.33
	崔家村	14.64	4.79	32.71
旬邑县	胡洛村	14.30	3.01	21.04
	王村	18.49	7.11	38.47
	曲家弯村	12.75	2.77	21.75
	万寿村	49.25	8.46	17.17
	前义阳村	27.59	6.44	23.34
淳化县	马家山村	65.86	22.39	34.00
	张家岭村	26.53	9.41	35.49
	温塘村	54.00	25.38	46.99
	方东村	47.06	20.22	42.96
	官庄村	62.97	20.56	32.64
永寿县	余家庄村	10.87	3.13	28.79
	和平村	21.77	11.56	53.08
	宋家园村	13.31	6.92	51.96
	庄和村	18.67	7.32	39.23
	白社村	15.88	8.76	55.21
长武县	李家沟村	7.69	3.74	48.65
	柳沟村	15.43	6.92	44.82
	上杨柳村	27.36	11.52	42.11
	安华村	8.02	3.11	38.81
	六股路村	32.01	14.06	43.91
彬州市	罗店村	43.97	23.50	53.45
	西坡村	79.53	43.14	54.25

（续）

县(市、区)	村名	村域居住区面积(公顷)	林木绿化覆盖面积(公顷)	绿化覆盖率(%)
彬州市	曹家店村	49.01	24.41	49.80
	米家寺村	9.07	2.73	30.13
	太宁村	19.42	6.12	31.50
合计		1723.10	648.61	37.64

表 10-12　咸阳市乡镇(村)道路绿化抽样统计

县(市、区)	村名	道路名称	选取道路长度(公里)	选取道路绿化长度(公里)	乡村道路绿化率(%)
兴平市	界庄村	界马路	1.3	1.2	92.31
	南市村	兴礼路	3.6	3.17	88.06
	礼村	兴店路	2	1.8	90.00
	水寨村	苟段路	1.6	1.47	91.88
	五丰村	五龙路	0.9	0.77	85.56
武功县	镇南村	长小路	4.5	3.83	85.11
	北可村	中南路	4	3.4	85.00
	北权城	县环路	2.6	2.16	83.08
	梅花村	香梅路	6.3	5.54	87.94
	普东村	县环南路	4.3	3.96	92.09
乾县	贾赵村	通村路	3.1	2.85	91.94
	官地村	通村路	2.8	2.49	88.93
	大桥村	通村路	2.6	2.26	86.92
	吴村	通村路	3.6	3.06	85.00
	阡道村	通村路	1.6	1.41	88.13
礼泉县	山底村	通村路	2.3	2.19	95.22
	肖东村	通村路	4.8	4.37	91.04
	峪南村	通村路	10.2	8.77	85.98
	皇城村	通村路	6.5	5.53	85.08
	新鸽村	通村路	8.5	7.57	89.06
泾阳县	王浩村	村道	0.3	0.27	90.00
	寺底何村	村道	0.3	0.28	93.33
	王家村	村道	0.3	0.26	86.67
	薛家村	村道	0.3	0.26	86.67
	双槐村	村道	0.3	0.25	83.33

（续）

县（市、区）	村名	道路名称	选取道路长度（公里）	选取道路绿化长度（公里）	乡村道路绿化率（%）
三原县	曹家村	扶贫路	0.5	0.45	90.00
	西苗村	村道	0.3	0.26	86.67
	口外村	村干道	3.2	2.85	89.06
	杨杜村	村干道	1.3	1.12	86.15
	赵家村	村干道	4.9	4.17	85.10
永寿县	槐山村	槐郭路	1.8	1.53	85.00
	上邱村	上邱路	3.6	3.28	91.11
	豆家村	豆和路	2.6	2.39	91.92
	渠子村北屋村	槐渠常路	10.7	9.52	88.97
	郭村	郭村—立志堡	3.1	2.54	81.94
彬州市	高村	通村路	8.6	7.14	83.02
	寺家庄	通村路	3.5	3.01	86.00
	万人村	通村路	10.5	8.93	85.05
	新庄村	通村路	4.5	3.83	85.11
	旺安村	通村路	6.5	5.27	81.08
长武县	司家河	通村路	4.6	4.37	95.00
	姜曹村	通村路	2.3	2.25	97.83
	五里铺村	通村路	1.7	1.56	91.76
	枣元村	通村路	1.2	1.16	96.67
	路家村	通村路	2.5	2.45	98.00
旬邑县	南壕村	通村路	5.2	5.1	98.08
	新合村	通村路	2.5	2.38	95.20
	西头村	通村路	1.8	1.73	96.11
	仁安村	通村路	2.2	2.02	91.82
	万寿村	通村路	2.8	2.6	92.86
淳化县	高家村	圣爷路	2.1	1.79	85.24
	咀头村	石九路	1.5	1.35	90.00
	上常社村	固胡路	2.4	1.97	82.08
	兴桥村	胡泉路	1.7	1.45	85.29
	大槐树村	洛史路	1.8	1.58	87.78
合计			180.5	159.17	88.18

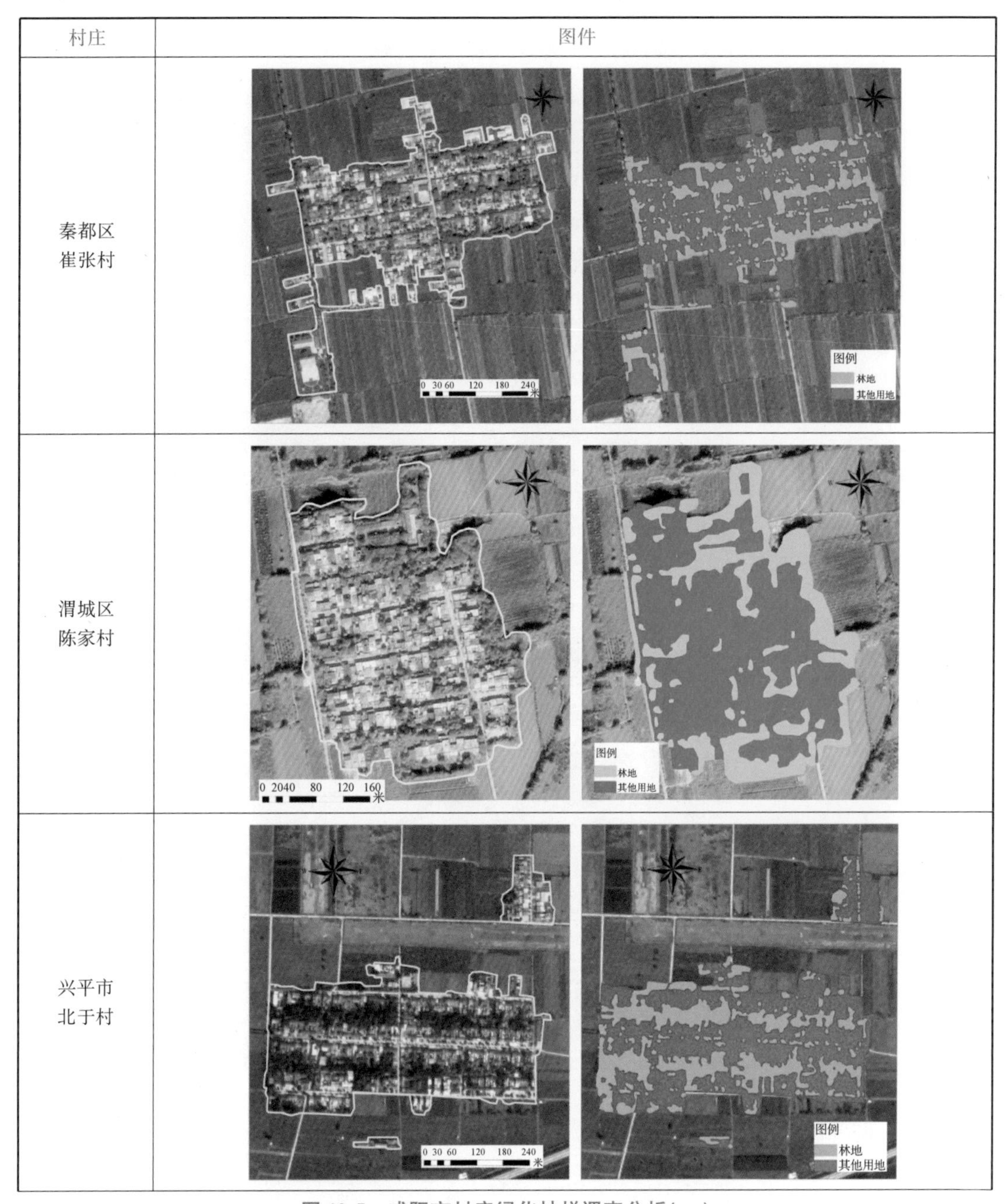

图 10-5　咸阳市村庄绿化抽样调查分析(一)

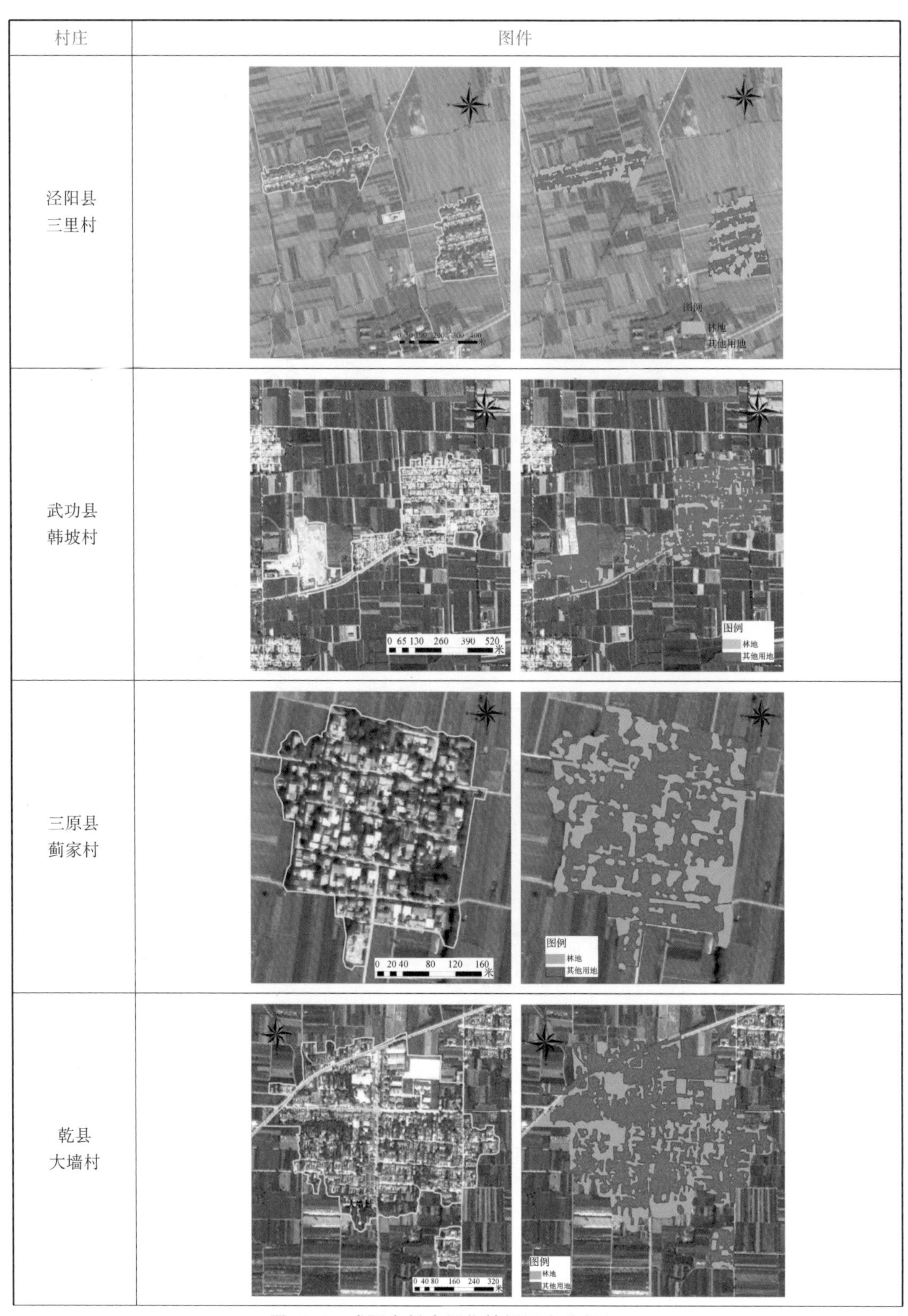

村庄	图件
泾阳县 三里村	
武功县 韩坡村	
三原县 蓟家村	
乾县 大墙村	

图 10-5　咸阳市村庄绿化抽样调查分析(二)

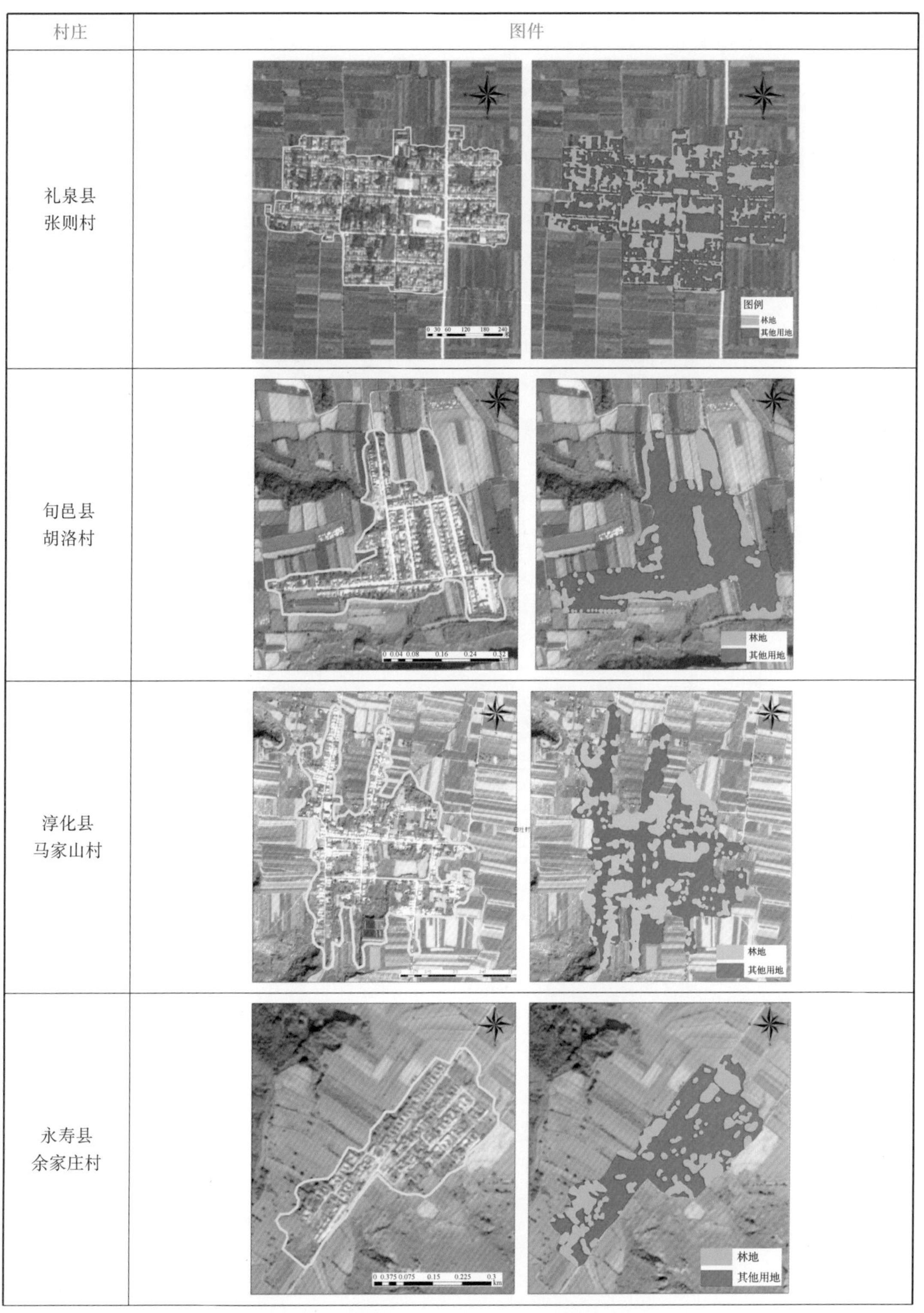

图 10-5　咸阳市村庄绿化抽样调查分析(三)

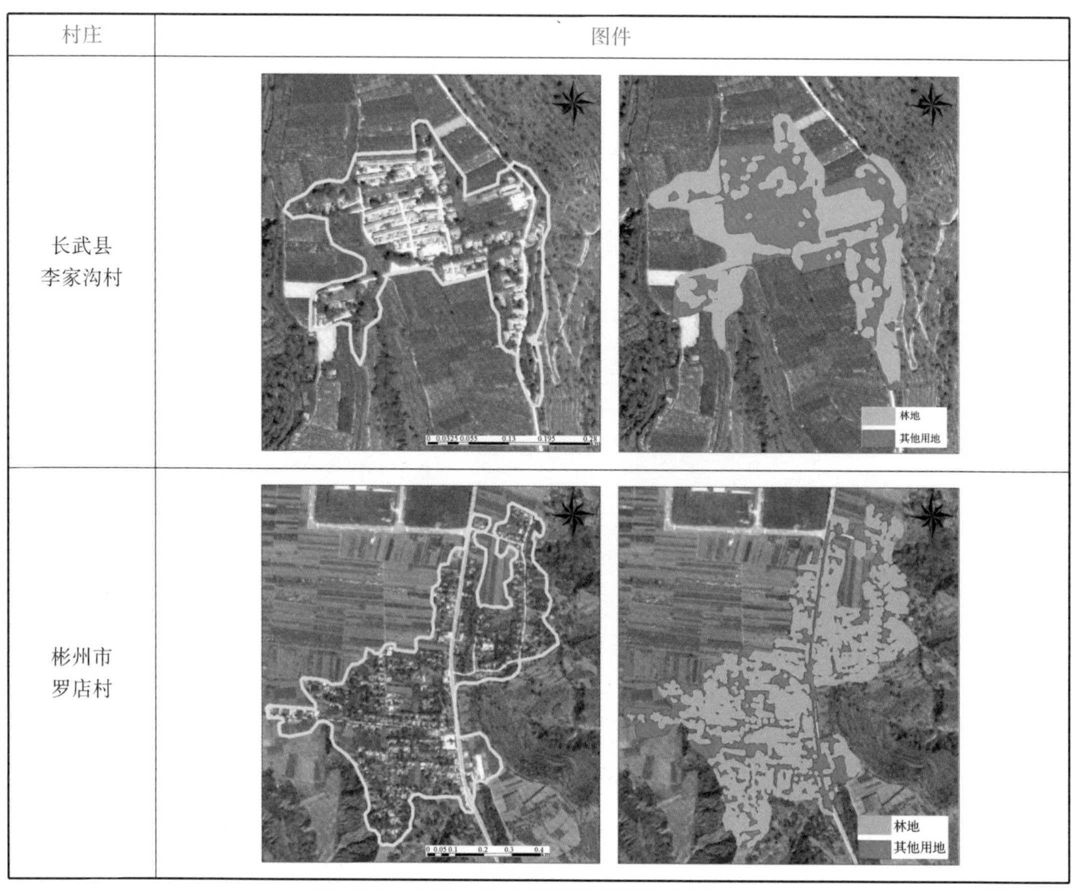

图 10-5 咸阳市村庄绿化抽样调查分析(四)

10.1.8 道路绿化

一是指标要求。铁路、县级以上公路等道路绿化与周边自然、人文景观相协调，适宜绿化的道路绿化率达 80%以上。

二是调查方法。通过实地考察结合各部门提供的统计资料并进行分析。

三是计算结果。近年来，咸阳市陆续完成了连霍高速、福银高速、西禹高速、咸旬高速、西咸北环线、西铜高速、312 国道、211 国道以及关中环线的林带建设。同时，在绿化过程中采取以乡土乔木为骨干树种，注重花灌草搭配；后期养护管理中，采取近自然管理的方式，并对断带缺带的道路及时进行补植，初步形成了防护功能齐备、景观层次丰富、色彩搭配和谐、兼具经济效益的森林景观长廊。据调查统计，咸阳市境内现有各类型道路的总林木绿化率均超过 90%，境内道路总里程为 1868. 57 公里，适宜绿化里程为 1676. 61 公里，已绿化里程为 1666. 92 公里，平均林木绿化率为 99. 42%，见表 10-13。

表 10-13 咸阳市境内道路绿化情况

道路类型	道路名称	道路长度(公里)	适宜绿化长度(公里)	已绿化长度(公里)	林木绿化率(%)
高速公路	连霍	73	71.4	71.4	100.00
	福银	134	134	134	100.00
	西禹	2.3	2.3	2.3	100.00
	咸旬	89.1	48.2	48.2	100.00
	西铜新线	36	9	9	100.00
	西咸北环线	69.1	66.9	66.9	100.00
	铜旬	18	16	8	50.00
	小计	421.5	347.8	339.8	97.70
国道	G210	19.34	17.93	16.74	93.36
	G211	157.1	144.05	144.05	100.00
	G312	95.85	83.4	83.4	100.00
	小计	272.29	245.38	244.19	99.52
省道	S104	42.33	34.3	34.3	100.00
	S106	9.1	9.1	8.6	94.51
	S107	100.38	97.82	97.82	100.00
	S108	71.53	61.22	61.22	100.00
	S208	35.1	35.1	35.1	100.00
	S305	39.1	32.1	32.1	100.00
	S306	129.97	129.97	129.97	100.00
	小计	427.51	399.61	399.11	99.87
县道	秦都	20.52	20.44	20.44	100.00
	三原	126.1	121.04	121.04	100.00
	泾阳	71.87	49.11	49.11	100.00
	乾县	50.98	40.59	40.59	100.00
	礼泉	92.07	92.07	92.07	100.00
	永寿	44.36	44.3	44.3	100.00
	彬州	92.09	82.29	82.29	100.00
	长武	70.86	70.64	70.64	100.00
	旬邑	51.09	45.64	45.64	100.00
	淳化	34.19	30.46	30.46	100.00
	武功	30.98	30.98	30.98	100.00
	兴平	62.16	56.26	56.26	100.00
	小计	747.27	683.82	683.82	100.00
合计		1868.57	1676.61	1666.92	99.42

10.1.9 水岸绿化

一是指标要求。注重江、河、湖、库等水体沿岸生态保护和修复，水体岸线自然化率达80%以上，适宜绿化的水岸绿化率达80%以上。

二是调查方法。通过实地考察结合各部门提供的统计资料并进行分析。

三是计算结果。咸阳市境内主要河流有泾河、甘河、漆水河、清河等，均为渭河水系。在水岸绿化建设过程中，在不影响行洪安全和河床稳定的前提下，充分利用水岸沿线的可造林地块建设防护林带，并衔接周边的道路林网，形成贯通全境的绿色网络。在后期管理过程中，尽可能减少人为干扰，采取近自然管理方式维护河岸的生态环境。至今，主要河流近自然河岸长度为564.43公里，自然化率为88.4%，适宜绿化长度为401公里，已绿化长度为356.89公里，水岸林木绿化率为89%，见表10-14。

表10-14 咸阳市水岸绿化情况

河流或水系	河流名称	河道长度（公里）	近自然河岸长度(公里)	自然化率（%）	适宜绿化长度(公里)	已绿化长度（公里）	适宜绿化率（%）
渭河	泔河	91	77.53	85.2	31	25.24	81.4
	漆水河	49	42.29	86.3	26	21.65	83.3
	清河	101.6	93.27	91.8	31.6	27.02	85.5
	渭河(渭城—武功)	70	57.82	82.6	70	68.00	97.1
	泾河	262.3	228.99	87.3	95	86.00	90.5
	沣河	20.8	18.97	91.2	19.6	17.75	90.6
	冶峪河	27.3	25.28	92.6	16.2	13.11	80.9
	赵氏河	16.5	14.90	90.3	8.2	6.70	81.7
	马栏河	113.5	97.84	86.2	103.4	91.42	88.4
合计		638.5	564.43	88.4	401	356.89	89.0

10.1.10 农田林网

一是指标要求。按照《生态公益林建设 技术规程》(GB/T 18337.3—2001)要求建设农田林网。

二是调查方法。实地调查和资料查阅。

三是计算结果。咸阳市位于陕西省八百里秦川腹地，农田面积为272475.38公顷，占咸阳国土面积的26.72%。近年来，咸阳市依托三北防护林、退耕还林工程，按照《生态公益林建设 技术规程》(GB/T 18337.3—2001))要求，选用刺槐、油松、侧柏和杨树等树种，建设农田林网，并对退化严重的杨树采用皆伐更新，伐除后及时栽植，确保防护效益。截至2020年，咸阳市农田林网防护的农田面积为259291.16公顷，农田林网控制率为95.16%，形成了良好的生态屏障，见表10-15。

表 10-15　咸阳市农田林网建设情况

县(市、区)	农田面积(公顷)	农田林网面积(公顷)	农田林网控制率(%)
咸阳市	272475.38	259291.16	95.16
兴平市	28000	26628	95.10
武功县	28779.21	27397.8	95.20
乾县	28967	27518	95.00
礼泉县	6210	5899.5	95.00
泾阳县	38666	36732	95.00
三原县	40938	39301	96.00
永寿县	25838	24597.8	95.20
彬州市	31755.2	30247.4	95.25
长武县	13789.4	13113.72	95.10
旬邑县	25513.33	24237.66	95.00
淳化县	4019.24	3618.28	90.02

10.1.11　重要水源地绿化

一是指标要求。重要水源地森林植被保护完好，森林覆盖率达70%以上，水质净化和水源涵养作用得到有效发挥。

二是调查方法。对于山区水库，采用基于DEM的水文学分析方法，先分析出流域界限，然后以流域为单位采用2019年咸阳市森林资源二类调查GIS矢量图数据，进行水源涵养区森林覆盖率分析(由于太峪水库与李家川水库位处同一流域单元，故不再对其做单独的流域森林覆盖情况分析)；对于平原水库，以其水库水面外围30米范围作为水源涵养与保护的最小区域，以该区域的森林覆盖率作为评价该水库水源涵养与保护的范围，同样以2019年咸阳市森林资源二类调查GIS矢量图数据为基础来分析其森林覆盖率情况。同时，考虑到库岸绿化也是水系绿化的重要内容，故对山区水库也做库岸30米范围的缓冲区分析。

三是计算结果。自建设森林城市以来，咸阳市不断加强水源地周围森林植被保护与恢复建设，选用刺槐、杨树、柳树、三叶草等绿化品种，通过在护堤地、护岸地的临河建设防护林、背河造防汛抢险用材林、堤肩造行道林、堤坡植草皮，形成综合水网防护林体系，增强了水源地周围植被的涵养水源、保持水土、景观营造、固岸护堤等多重功能。目前作为城市水源地的共有4座水库：柏岭寺水库、李家川水库、太峪水库和冯村水库，这里山区水库3座、平原水库1座(冯村水库)。根据2019年咸阳市森林资源二类调查GIS矢量图数据为基础来分析其森林覆盖率情况(表10-16、图10-6)，无论是流域还是库周30米范围内，其森林覆盖率最低为李家川水库的流域范围，为71.2%；最高的是冯村水库库周30米缓冲保护区，可达98.5%。

表 10-16　咸阳市重要水源涵养区森林覆盖率统计

类型	水库名称	乔木林面积（公顷）	灌木林面积（公顷）	宜林地面积（公顷）	其他（公顷）	流域（或保护区域）总面积（公顷）	森林覆盖率（%）
流域	柏岭寺水库	57987.5	5951.4	9105.8	661.8	73706.6	86.7
	李家川水库	9850.2	611.3	3758.3	476.3	14696.1	71.2
库周 30 米缓冲保护区	柏岭寺水库	31.10	0.81	0.00	8.50	40.41	79.0
	李家川水库	12.92	0.00	0.19	0.78	13.90	93.0
	太峪水库	4.97	3.05	0.97	0.70	9.69	82.8
	冯村水库	34.26	0.00	0.00	0.53	34.79	98.5

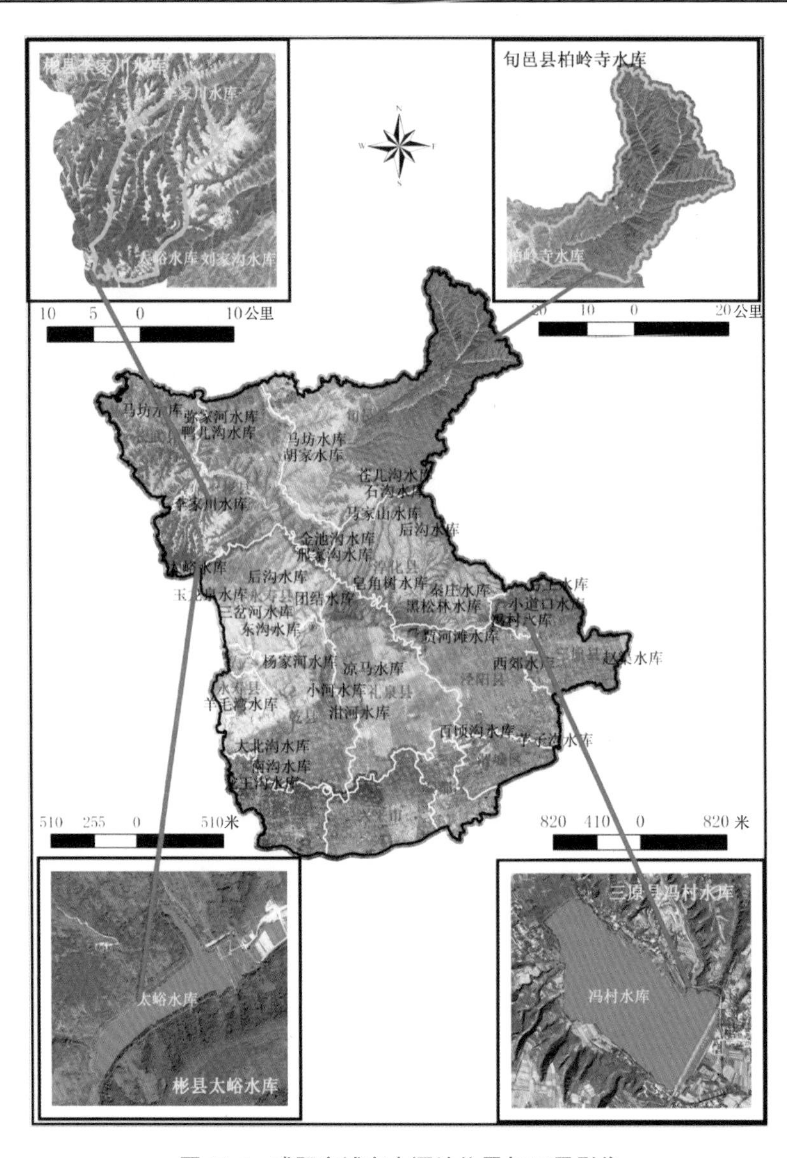

图 10-6　咸阳市城市水源地位置与卫星影像

10.1.12 受损弃置地生态修复

一是指标要求。受损弃置地生态修复率达80%以上。

二是调查方法。根据城管部门提供的资料数据和实地抽样调查。

三是调查计算结果。矿山修复是咸阳市的一项重要工作。2015年，咸阳市编制《咸阳市矿产资源总体规划(2016—2020年)》，严格执行矿山生态环境恢复治理制度。在矿山治理过程中，采取快速土壤改良、植被恢复、生态工程、耕地工艺和树种选择等措施，优先选择已被实践证明的易养、易管、易活的树种属；对坡度较大的边坡实行削坡、放坡等工程措施并配合客土、撒播耐瘠薄的草本植物进行修复，对于易产生滑坡部分采取必要的工程措施固定边坡。通过矿山地质环境保护与治理恢复，咸阳市受损弃置地生态修复率达100%，远超于国家标准的要求，有效减少了水土流失，防止生态环境恶化，促进生态良性循环及生态平衡，恢复了地貌景观、植被资源，见表10-17。

表10-17 咸阳市废弃矿山植被恢复情况

县(市、区)	环境影响总面积(公顷)			恢复治理影响面积(公顷)	受损弃置地生态修复率(%)
	保留、新设矿权内治理面积	灭失矿权治理面积	总面积		
泾阳县	1.6	9.2	10.8	10.8	100
淳化县	0.64	0.61	1.25	1.25	100
乾县	1.28	0.22	1.5	1.5	100
礼泉县	1.03	0.62	1.65	1.65	100
永寿县	0.44	0.25	0.69	0.69	100
三原县	0	0.25	0.25	0.25	100
合计	4.99	11.15	16.14	16.14	100

10.2 城市森林健康体系

10.2.1 树种多样性

一是指标要求。城市森林树种丰富多样，形成多树种、多层次、多色彩的森林景观，城区某一个树种的栽植数量不超过树木总数量的20%。

二是调查方法。根据城管部门提供的资料数据和实地抽样调查。

三是调查计算结果。咸阳市地处暖温带，属大陆性季风气候，气候温和，光、热、水资源较丰富，拥有丰富多样的树种。在城市绿化过程中，充分利用乡土木本植物丰富的优势，大量应用乔木树种。据调查统计，咸阳城区绿化应用的乔木树种有法桐、紫薇、国槐、雪松、樱花、紫叶李、柳树、杨树、白玉兰、青桐、合欢、加杨、栾树、毛杨、五角枫、杜仲、马褂木、苦楝、广玉兰、楸树等，其中法桐是应用最多的树种，种植比例达到11.1%。

四是支撑材料。城区绿化使用最高的前 20 个乔木树种(表 10-18)。

表 10-18 咸阳市城区绿化使用最高的前 20 个乔木树种

树种	株数(万株)	与城区绿化使用乔木总株数的比例(%)
法桐	2.30	11.1
紫薇	1.86	8.7
国槐	1.80	8.6
雪松	1.59	7.6
樱花	1.59	7.6
紫叶李	1.37	6.5
柳树	1.36	6.5
毛白杨	1.03	4.9
白玉兰	0.90	4.3
青桐	0.89	4.2
合欢	0.88	4.2
加杨	0.70	3.3
栾树	0.68	3.3
加杨	0.68	3.2
五角枫	0.61	2.9
杜仲	0.58	2.8
马褂木	0.58	2.8
苦楝	0.38	1.8
广玉兰	0.38	1.8
楸树	0.31	1.5

10.2.2 乡土树种使用率

一是指标要求。城区乡土树种使用率达 80%以上。

二是调查方法。在城区实地抽样调查。

三是调查计算结果。近年来，咸阳市在绿化植物的选择上，始终坚持“以乡土树种为主”的原则，大力提倡使用乡土树种，大幅提高了乡土苗木在城区绿化植物配置中的比例。据调查统计，从全市各县(市、区)绿化树种使用来看，乡土树种使用数量的比例为 78.00%~100.00%。目前，咸阳城区与各县(市、区)城区绿化共有 111.26 万株，其中乡土树种有 96.99 万株，全市乡土树种数量占城市绿化树种数量的 98.69%，见表 10-19、表 10-20。

表 10-19　咸阳市园林绿化树种统计

县(市、区)	乡土树种(万株)	外来树种(万株)	合计(万株)	乡土树种百分率(%)
中心城区	20. 51	0. 00	20. 51	100. 00
兴平市	1. 04	0. 00	1. 04	100. 00
武功县	2. 05	0. 00	2. 05	100. 00
乾县	0. 80	0. 00	0. 80	100. 00
礼泉县	1. 45	0. 00	1. 45	100. 00
泾阳县	56. 60	0. 32	56. 92	99. 44
三原县	0. 75	0. 21	0. 96	78. 00
永寿县	1. 74	0. 00	1. 74	100. 00
彬州市	5. 70	0. 76	6. 46	88. 24
长武县	4. 44	0. 00	4. 44	100. 00
旬邑县	1. 78	0. 00	1. 78	100. 00
淳化	0. 13	0. 00	0. 13	100. 00
总计	96. 99	1. 29	98. 28	98. 69

表 10-20　咸阳市城市绿化乡土植物名录

序号	种名及学名	类型
1	国槐 *Styphnolobium japonicum*	乔木
2	青桐 *Firmiana simplex*	乔木
3	樱花 *Cerasus* sp.	乔木
4	杜仲 *Eucommia ulmoides*	乔木
5	苦楝 *Melia azedarach*	乔木
6	合欢 *Albizia julibrissin*	乔木
7	马褂木 *Liriodendron chinense*	乔木
8	加杨 *Populus × canadensis*	乔木
9	毛白杨 *Populus tomentosa*	乔木
10	雪松 *Cedrus deodara*	乔木
11	柳树 *Salix babylonica*	乔木
12	白玉兰 *Michelia × alba*	乔木
13	栾树 *Koelreuteria paniculata*	乔木
14	广玉兰 *Magnolia grandiflora*	乔木
15	五角枫 *Acer pictum mono* subsp.	乔木
16	紫玉兰 *Magnolia liliflora*	乔木
17	云杉 *Picea asperata* Mast.	乔木
18	石榴 *Punica granatum*	乔木
19	香椿 *Toona sinensis*	乔木

（续）

序号	种名及学名	类型
20	石楠 *Photinia serratifolia*	乔木
21	水杉 *Metasequoia glyptostroboides*	乔木
22	紫叶李 *Prunus cerasifera*	小乔木
23	楸树 *Catalpa bungei*	小乔木
24	紫薇 *Lagerstroemia indica*	小乔木
25	月季 *Rosa chinensis*	灌木
26	牡丹 *Paeonia suffruticosa*	灌木
27	大叶黄杨 *Buxus megistophylla*	灌木

10.2.3 苗木使用

一是指标要求。注重乡土树种苗木培育，使用良种壮苗，提倡实生苗、容器苗、全冠苗造林，严禁移植天然大树。

二是调查方法。实地调查结合各县(市、区)提供的苗圃资料。

三是调查结果。咸阳市森林城市建设严格控制大树进城，苗木生产基地较多，造林工程使用的苗木均来自苗圃培育。在森林城市建设过程中，坚持“多种大苗，不栽大树”的原则，提升绿化景观效果，提高城市森林生态功能，实现绿树成荫、花枝交错的绿化效果。近年来，全市在城市绿化中多选用胸径 5 厘米的全冠大苗。据统计，全市苗木生产基地共 202 个，总面积为 5870.04 公顷，年提供苗木量为 16658.4 万株，苗圃中人工用材林、经济林等良种使用率 100%，现有供应完全能够满足中心城区的绿化建设(表 10-21)。经实地调查，城市绿化中，来自树种适生区种源的乡土树种种苗使用率达 87.2%，没有大树进城现象。

表 10-21 咸阳市苗木生产基地统计

地点或基地名称	面积(公顷)	年提供苗木量(万株)	年产值(万元)
咸阳市	5870.04	16658.4	45349
秦都区	474.33	776	3965
咸阳新格林农业有限公司	26.67	40	200
咸阳秦韵生态农业有限公司	17.33	25	140
陕西宏基园林景观建设有限公司	7.33	10	80
咸阳市秦都区金桂种植专业合作社	18.67	3	270
咸阳永平林牧科技有限公司	16.00	20	130
陕西绿洲丰源园林科技有限公司	48.67	60	300
中山实业有限公司	6.67	10	70
陕西冠杰园艺有限公司	2.00	30	20
陕西绿佳苑园林景观有限公司	6.33	8	70
西安东方园林景观工程有限公司	6.67	15	70
陕西青云实业有限公司	6.67	10	65

（续）

地点或基地名称	面积(公顷)	年提供苗木量(万株)	年产值(万元)
陕西意景绿化有限公司	6.00	10	60
陕西春艺园林有限公司	7.33	10	80
陕西润杰园林景观有限公司	2.00	2	20
陕西天和园艺有限公司	13.33	30	130
陕西六合园艺有限公司	10.00	6	80
北京凯福瑞农林科技发展有限公司	53.33	70	350
咸阳昌安园林绿化有限公司	6.67	16	70
喜乐华农业开发有限公司	7.33	4	80
咸阳新概念绿化工程公司	3.33	1	40
陕西东顺园林景观工程有限公司	12.00	17	120
咸阳泽达绿化工程有限公司	5.67	8	60
博顺苗木公司	10.00	15	95
咸阳农乐农资有限公司	13.33	18	110
咸阳伟杰商贸有限公司	10.00	5	70
陕西鑫丰茂苗圃有限公司	7.33	50	80
陕西春艺园林有限公司	13.33	100	120
咸阳永平林牧科技有限公司	20.00	80	160
陕西绿家苑有限公司	6.33	20	50
咸阳新农农资有限公司	13.33	3	110
英海苗木有限公司	16.00	20	120
华安苗木种植公司	8.00	20	65
陕西华荣园林景观建设集团有限公司	66.67	40	480
兴平市	337.33	480.3	3061
陕西省红棉风景园林有限公司	5.33	20	45
兴平富民建筑安装有限公司	2.33	1	20
兴平市银杏示范基地	6.67	0.8	70
兴盛现代农林科技有限公司	26.67	5	260
西吴赵家苗圃	2.07	6	20
兴平秦越果品示范推广中心	0.67	10	7
田阜高源苗圃	3.20	1	26
田阜木兰苗圃	3.33	1	28
兴平绿叶苗木合作社	15.33	18	110
西吴镇良村苗圃	3.33	1	26
陕西百朗苗木公司	13.33	20	120
兴平绿园苗木公司	3.33	4	27
兴平金禾农业技术服务有限公司	1.33	15	12

（续）

地点或基地名称	面积(公顷)	年提供苗木量(万株)	年产值(万元)
陕西省兴平市昌盛苗木中心	13. 33	30	110
兴平市大阜森鑫苗圃	3. 33	8	26
兴平市田阜农家苗圃	3. 33	1	20
陕西金苗(兴平)农业发展有限公司	80. 00	60	900
兴平市金城苗圃	2. 67	1. 2	18
兴平绿丰现代农业合作社	12. 00	7	90
兴平市彪恒苗圃	3. 33	0. 8	24
杨卫战苗圃	1. 33	0. 3	11
咸阳市秦耀园艺有限公司	18. 67	20	160
陕西绿隆园林工程有限公司	20. 20	50	150
兴平市西绿园林景观工程有限公司	13. 27	40	120
兴平市新田园农业有限公司	10. 00	100	80
西吴赵家苗圃	2. 07	5	15
田阜木兰苗圃	3. 33	1. 2	24
田阜高源苗圃	4. 00	1	30
陕西西绿园林景观工程有限公司	16. 53	35	150
兴平市辰宇建筑安装工程有限公司	10. 67	3	70
兴平市宇文长义苗圃	4. 00	1	30
兴平市耕盛现代农业专业合作社	4. 27	4	30
兴平市林业站苗圃	2. 40	1	24
兴平市绿韵苗圃	3. 33	3	28
兴平市兴盛现代农林科技公司	18. 33	5	180
武功县	3400. 30	12147	25912
陕西添彩生态景观公司	17. 33	8	180
杨凌森淼公司	313. 33	100	2400
兴民苗木繁育基地	5. 33	6	40
森亚苗圃	4. 00	8	32
任禾园林公司	6. 67	18	60
绿园苗木基地	6. 67	2	55
绿野苗木合作社	12. 00	4	95
新世纪公司	20. 00	25	140
林涛景观公司	13. 33	2	110
秦豫苗木基地	40. 00	260	310
景枫苗木园	10. 00	5	80
五丰猕猴桃合作社	13. 33	38	100
富源花卉合作社	42. 13	50	300

（续）

地点或基地名称	面积(公顷)	年提供苗木量(万株)	年产值(万元)
澳都园林公司	37. 33	8	260
金豹苗圃	10. 87	14	80
军成苗木有限公司	8. 00	20	60
瑞星种苗公司	6. 67	35	55
开园景观分公司	6. 67	2	50
添彩景观苗木基地	13. 33	2	100
淳丰绿化合作社	2. 00	3	15
国色牡丹合作社	100. 00	600	700
林涛景观公司	17. 33	3	120
普集镇	336. 28	2000	2600
普集街三农服务中心	403. 88	3000	3100
小村镇	96. 50	1000	750
大庄镇	570. 49	2000	4500
代家三农服务中心	219. 93	1000	1600
武功镇	103. 22	700	780
苏坊镇	214. 10	200	1600
游风镇	37. 12	100	270
贞元镇	83. 27	600	600
长宁镇	160. 81	100	1200
河道三农服务中心	68. 50	40	500
南仁三农服务中心	63. 87	80	450
陕西添彩生态景观公司	17. 33	8	180
杨凌森淼公司	313. 33	100	2400
兴民苗木繁育基地	5. 33	6	40
乾县	180. 00	154. 5	1448
乾县国营苗圃	6. 00	1	45
乾县宇天裕种植专业合作社	15. 33	8	160
乾县铭力林业专业合作社	10. 00	10	70
云峰苗木基地	35. 33	6	260
乾县富林苗木基地	6. 67	3	60
乾县春瑞绿化工程有限公司	6. 67	20	65
景芊苗木基地	6. 67	30	63
乾县绿印专业合作社	15. 33	3	120
绿源苗木基地	13. 33	20	110
注泔东南苗圃	4. 00	0. 5	32
刘家嘴苗木基地	20. 00	6	150

（续）

地点或基地名称	面积(公顷)	年提供苗木量(万株)	年产值(万元)
乾县高娜种养殖合作社	5.33	2	45
咸阳郁园绿化公司	13.33	40	110
乾陵风景林场	13.33	2	90
陕西万林园生态科技有限公司	8.67	3	68
礼泉县	28.00	17	213
礼泉国营苗圃	4.00	4	28
礼泉县苗圃	1.33	6	10
礼泉王保证	9.33	2	70
礼泉邓飞虎	7.33	3	60
礼泉娄满仓	6.00	2	45
泾阳县	514.73	1850	3828
泾阳润森园林有限公司	5.33	20	45
周窑苗木生态园	4.00	5	30
沙沟苗圃	3.33	30	24
泾阳大三苗木花卉专业合作社	6.67	40	50
泾阳桑田农业专业合作社	4.67	80	36
泾阳欣艺农业发展有限公司	16.00	5	130
泾阳县泾丰苗木花卉专业合作社	6.67	18	55
阳光苗圃	8.00	30	62
泾阳县祥秦苗木专业合作社	4.00	20	28
付家绿园苗圃	6.67	8	54
高老庄苗圃	12.00	10	85
丰茂苗圃	5.33	3	44
陕西泾园现代农业有限公司	66.67	40	450
沁园苗圃	11.87	30	90
陕西山景园林景观建设有限公司	7.20	2	58
咸阳航星商贸有限公司	8.00	1	65
咸阳嘉宾文化产业投资公司	13.33	7	105
双杨苗圃	13.33	4	98
陕西万林园生态公司	43.67	800	340
吉元苗圃	13.33	500	100
唐家村苗圃	33.33	12	260
泾阳汉唐农业生态园	10.67	3	75
太平新艳苗木繁育基地	4.00	20	28
陕西格润农业发展有限公司	13.33	70	110
陕西泾园现代农业有限公司	186.67	90	1350

（续）

地点或基地名称	面积(公顷)	年提供苗木量(万株)	年产值(万元)
陕西御朗景观有限公司	6.67	2	56
三原县	114.47	118	893
三原秦川大樱桃示范园	5.33	30	50
三原坤源苗圃	2.60	8	24
三原嘉禾苗木种植专业合作社	4.00	5	32
陕西昱程园林科技有限公司	10.80	7	78
三原绿城苗木农民专业合作社	3.33	10	24
三原盛业科技有限公司	3.33	1	23
陕西馨盛花卉苗木科技公司	6.00	10	50
三吉苗木有限公司	3.20	0.6	28
三原颐盛园农林种植专业合作社	16.33	3	130
陕西三原景宏苗木绿化工程有限公司	5.33	10	50
三原小满苗木花卉专业合作社	10.00	12	80
三原绿秀家庭农场有限公司	3.93	1	32
陕西泔晨生态科技有限公司	36.60	20	260
陕西三原华源苗木有限公司	2.27	0.3	20
三原景泰苗木种植基地	1.40	0.1	12
永寿县	410.00	622	3012
永寿县聚贤花卉苗木专业合作社	24.00	30	200
永寿县伟龙苗圃	10.00	1	70
陕西陈烁生态农业有限公司	24.00	5	170
永寿县御东村苗圃	10.00	1	75
永寿县生辉生态养殖专业合作社	12.00	2	100
永寿县五峰山苗圃	4.67	20	36
景源苗木基地	3.33	10	26
永寿县战民种植专业合作社	5.87	5	45
永寿县裕兴农林科技发展有限公司	13.33	10	110
陕西大统永寿生态开发有限公司	133.33	100	950
陕西一泓现代农业科技有限公司	57.33	70	400
永寿县永晨苗木专业合作社	5.47	8	40
永寿县天唐牡丹种植专业合作社	66.67	300	490
永寿县广益农牧有限责任公司	40.00	60	300
长武县	33.73	60	235
长武县红星林场苗圃	14.67	30	100
长武县支村苗圃	6.40	10	45
长武县杨家沟苗圃	12.67	20	90

（续）

地点或基地名称	面积(公顷)	年提供苗木量(万株)	年产值(万元)
旬邑县	132. 60	113	911
旬邑小寺子苗圃	105. 27	100	700
旬邑县职田镇	6. 67	2	55
陕西省博登有限公司	10. 67	1	80
旬邑县马栏	10. 00	10	76
淳化县	36. 20	45	255
淳化县苗圃	18. 47	20	130
淳化县金秋苗木合作社	8. 40	15	60
淳化县绿秦苗木合作社	9. 33	10	65
彬州市	208. 33	275. 6	1616
彬州市苗圃	8. 33	13	60
彬州市海越农业有限公司	13. 33	20	105
彬州市柏信苗木种植农民专业合作社	13. 33	30	110
陕西彬油牡丹产业发展有限公司	46. 67	100	330
彬州市景程坚果种植农业专业合作社	13. 33	15	95
彬州市彩叶绿化农民专业合作社	13. 33	20	110
彬州市长丰正果业农民专业合作社	13. 33	15	105
彬州市龙丰农机农民专业合作社	40. 00	40	310
彬州市海升现代农业有限公司	33. 33	20	280
个人	3. 33	1	30
咸阳新努农业有限公司	6. 67	1	55
咸阳腾昇农业有限公司	3. 33	0. 6	26

10. 2. 4 生态养护

一是指标要求。避免过度人工干预，注重森林、绿地土壤的有机覆盖和功能提升，城区绿地有机覆盖率达60%以上。

二是调查方法。根据城管部门提供的资料数据和实地踏勘。

三是调查结果。咸阳市城区绿化多采用近自然的经营管理模式，避免过度人工干预。在城市绿化过程中，注重花灌草相结合，基本做到不搞整齐划一的街道绿化，并在城区街道和水岸绿化带的裸露树穴进行了种植耐阴草本植物，使林下少有出现裸露的土地。通过随机选取城区部分街头绿地、带状公园等绿地206. 34公顷，经过实地调查，有机覆盖面积为166. 43公顷，有机覆盖率达80. 7%，见表10-22。

表10-22 咸阳市有机覆盖统计

绿地名称	抽取面积(公顷)	有机覆盖面积(公顷)	有机覆盖率(%)
西渭苑	3.27	2.59	79.2
千亩林公园	29.28	22.28	76.1
古渡公园	4.76	3.87	81.3
中华广场	1.28	1.06	82.8
沣河城市森林公园	3.16	2.29	72.5
望贤绿林	2.52	2.08	82.5
莽山公园(花海)	8	7.9	98.8
中心大街西北角街头绿地	0.53	0.45	84.9
工业退水渠景观绿化	1.1	0.86	78.2
迎宾广场	0.5	0.43	86
森林公园	1	0.86	86
森林小镇	3	2.7	90
古城墙遗址公园	2.1	1.76	83.8
兴寿公园	0.6	0.49	81.7
林苑公园	0.2	0.13	65
城南绿地公园	1	0.64	64
平交公园	1.5	1.06	70.7
生态遗址公园	3.6	2.47	68.6
城市运动公园	3	2.41	80.3
中心公园	0.6	0.38	63.3
龙腾公园	0.3	0.26	86.7
文体广场	0.3	0.19	63.3
清河公园	58	45.24	78
清河湿地公园二期	27.4	23.84	87
池阳绿林公园	13.34	10.94	82
泾阳郑国广场	5	4.1	82
产业新城广场	12.2	9.52	78
淳化梨园广场	1.6	1.31	81.9
翠屏山森林公园	2.5	2.15	86
旬邑县书香公园	1.3	0.99	76.2
旬邑县蒲家沟公园	2	1.42	71
长武县城北公园	1.6	1.37	85.6
长武县红星森林公园	3.2	2.9	90.6
长武县人民广场	1.2	0.94	78.3
彬州市诗经文化风情园	2.6	2.13	81.9
菊花广场	2.8	2.42	86.4
合计	206.34	166.43	80.7

10.2.5 森林质量提升

一是指标要求。注重森林质量精准提升，每年完成需提升面积的10%以上，培育优质高效城市森林。

二是调查方法。根据工程实施情况的计划通知、批复、合同、工作总结自查报告。

三是调查结果。咸阳市十分注重健康林建设，通过清理枯死树木、补植树木、调整森林针阔混交比例等，积极推进低效林改造、退化防护林改造、森林抚育等工作。其中，森林抚育是咸阳市森林质量提升的重要工作，其主要以生态公益林和商品林种的中幼龄林为对象，遵循“采大留小、采密留疏、采弯留直、采弱留强”的原则，有效地提升了森林质量。根据《陕西省咸阳市国家森林城市建设总体规划(2017—2026年)》，咸阳市在创建国家森林城市期间需进行森林质量提升的面积达115547.2公顷，按照国家标准指标要求平均每年至少完成11554.72公顷。2017—2020年，已提升的森林面积共计达79058公顷，共计完成需要提升面积的68.42%，平均每年完成了需提升面积的17.11%，达到10%以上的标准(表10-23)。

表10-23 咸阳市森林提质验收结果

项目	需提升面积(公顷)	已提升面积(公顷)	提升的比例(%)	年平均提升(%)
低产低效林改造	27104	8080	29.81	7.45
退化林分修复	18410	19500	105.92	26.48
森林抚育	70033.2	51478	73.51	18.38
合计	115547.2	79058	68.42	17.11

10.2.6 动物生境营造

一是指标要求。保护和选用留鸟、引鸟、食源蜜源植物，大型森林、湿地等生态斑块通过生态廊道实现有效连接。

二是调查方法。实地察看与资料查阅。

三是调查结果。自咸阳市创建国家森林城市以来，在城市绿化及周边生态风景林改造提升过程中，注重保护和选用留鸟、引鸟乡土树种的应用，为增加生物多样性提供条件，如：山荆子、海棠、金银忍冬、花楸、柿树等树种。同时，咸阳市现有自然保护区3处，总面积53389.1公顷，其中省级1处，为旬邑石门山省级自然保护区；市级2处，为淳化县爷台山市级自然保护区和永寿翠屏山市级自然保护区。目前全市共有野生动物192种，其中金钱豹、大鸨、黑鹳和金雕4种国家一级保护野生动物；白鹭、苍鹭、红隼等14种国家二级野生保护动物。另外，咸阳市国家级与省级的森林、湿地公园共有11个，面积共达20901.29公顷。咸阳市森林公园有5处，总面积14318.7公顷，其中国家级1处，为陕西石门山国家森林公园；省级4处，分别为陕西省翠屏山森林公园、陕西省乾陵森林公园、咸阳市嵯峨山森林公园、陕西省仲山森林公园；咸阳市湿地公园有三原清峪河国家湿地公园、淳化冶峪河国家湿地公园、旬邑马栏河国家湿地公园等6处，总面积6582.59公顷。市级湿地公园有侍郎湖湿地公园、十里荷香湿地公园、大北沟湿地公园、太裕河湿地公园、泔河湿地公园、漆水河湿地公园、白马河湿地公园、芙蓉湿地公园、长亭湖湿地公园等 9 处，面积 2734. 17 公顷，为鸟类及水生植物提供了良好的栖息地。此外，咸阳市目前共有生态廊道 836. 63 公里，其中水系廊道 551. 55 公里，道路廊道 285. 08 公里，实现了大型森林、湿地等生态斑块的有效连接(表 10-24 至表 10-26、图 10-7)。

表 10-24　咸阳市自然保护区一览

序号	保护区名称	批准时间	行政主管部门	保护区面积(公顷)		主要保护对象	涉及行政界
				目前对外公布使用面积	国务院或省政府批复的面积		
1	陕西石门山省级自然保护区	2007 年	旬邑县林业局	30049	30049	森林和野生动植物资源	旬邑县
2	陕西永寿翠屏山市级自然保护区	2003 年	永寿县林业局	19145	19145	森林和野生动植物资源	永寿县
3	陕西淳化县爷台山市级自然保护区	2003 年	淳化县林业局	4195. 1	4195. 1	森林和野生动植物资源	淳化县
总计				53389. 1	53389. 1		

表 10-25　咸阳市国家级、省级森林、湿地公园名录

序号	公园名称	所在县(市、区)	性质	面积(公顷)	批准时间(年)
1	陕西石门山国家森林公园	旬邑县	国家级森林公园	8856	2010
2	陕西省翠屏山森林公园	永寿县	省级森林公园	2900	1995
3	陕西省乾陵森林公园	乾县	省级森林公园	46. 6	1992
4	咸阳市嵯峨山森林公园	三原县	省级森林公园	1299. 1	1993
5	陕西省仲山森林公园	淳化县	省级森林公园	1280	2005
小计				14318. 7	
6	淳化冶峪河国家湿地公园	淳化县	国家级湿地公园	1170. 9	2008
7	三原清峪河国家湿地公园	三原县	国家级湿地公园	1069. 8	2008
8	旬邑马栏河国家湿地公园	旬邑县	国家级湿地公园	2020. 2	2011
9	礼泉甘河国家湿地公园(试点)	礼泉县	国家级湿地公园	881. 9	2016
10	泾阳泾河国家湿地公园(试点)	泾阳县	国家级湿地公园	843. 44	2017
11	永寿漆水河国家湿地公园(试点)	永寿县	国家级湿地公园	596. 35	2017
小计				6582. 59	
总计				20901. 29	

表 10-26　咸阳市区县级湿地公园名录

序号	公园名称	所在县(市、区)	性质	面积(公顷)	批准时间(年)
1	侍郎湖湿地公园	彬州市	市县级	44. 64	2018
2	十里荷香湿地公园	兴平市	市县级	726. 05	2019
3	大北沟湿地公园	乾县	市县级	323. 09	2019
4	太裕河湿地公园	彬州市	市县级	18. 21	2018

（续）

序号	公园名称	所在县（市、区）	性质	面积（公顷）	批准时间（年）
5	泔河湿地公园	乾县	市县级	64.46	2019
6	漆水河湿地公园	武功县	市县级	40.57	2019
7	白马河湿地公园	兴平市	市县级	52.2	2019
8	芙蓉湿地公园	武功县	市县级	487.95	2019
9	长亭湖湿地公园	长武县	市县级	977	2019
总计				2734.17	

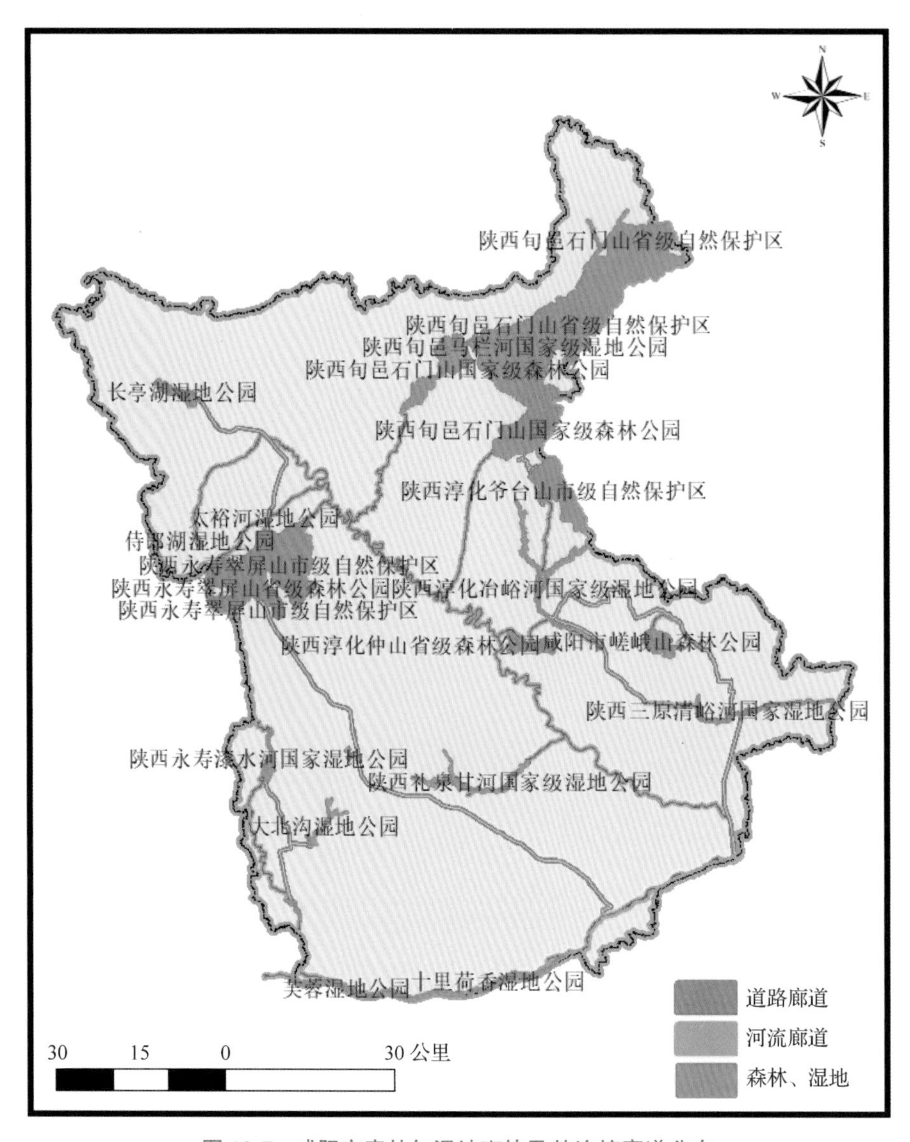

图 10-7 咸阳市森林与湿地斑块及其连接廊道分布

10.2.7 森林灾害防控

一是指标要求。建立完善的有害生物和森林火灾防控体系。

二是调查方法。实地察看与资料查阅。

三是调查结果。咸阳市高度有害生物和森林火灾防控，咸阳市率先在全省推行林长制落实各级党政主要领导森林防火工作责任，积极开展森林防火教育宣传活动。同时，印发了《森林防火宣传工作方案》《关于加强森林防火宣传工作的通知》，并加强森林火灾和林业有害生物防控，完善预警监测体系，确保森林资源持续稳定增长。在防火关键时段节点，及时印发文件安排部署森林防火工作。各县(市)均以县(市)政府名义印发了春季林区野外用火戒严令，根据戒严令全面封山设卡。近几年，全市没有发生严重林业有害生物毁林和重大森林火灾等案件。据统计，咸阳市林业有害生物成灾率低于 3.8‰；无公害防治率 95%以上；测报准确率 91%以上；种苗产地检疫率连年 100%；森林火灾受害率始终控制在 0.2‰以下。

10.2.8 资源保护

一是指标要求。划定生态红线。未发生重大涉林犯罪案件和公共事件。

二是调查方法。资料查阅。

三是调查结果。咸阳市高度重视森林资源保护和管理，坚持森林资源保护优先，构建生态安全保护体系。实施天然林资源保护、退耕还林、三北防护林等重大生态工程，深入宣传《中华人民共和国森林法》《中华人民共和国野生动物保护法》《退耕还林条例》，并在林区道路设有视频监控卡口、林火视频监控等，全面提升林业信息化水平，并通过完善林地管护体制，有效地加强林地保护力度。在此过程中，一方面加大执法力度，严厉打击乱砍滥伐、乱采滥挖、乱捕滥猎等破坏森林资源的违法行为；另一方面规范林业用地，划定生态“红线”，杜绝非法占用林地和改变林地用途的行为，有效地保护了森林资源。近年来，全市没有发生严重非法侵占林地、湿地，破坏森林资源，滥捕乱猎野生动物等重大案件。

10.3 生态福利体系

10.3.1 城区公园绿地服务

一是指标要求。公园绿地 500 米服务半径对城区覆盖达 80%以上。

二是调查方法。参考《咸阳市绿地系统规划(2017—2030 年)》《陕西省咸阳市国家森林城市建设总体规划(2017—2026 年)》对城区公园绿地的规划与布局情况以及近年来的相关工程实施情况进行调查；基于 2020 年咸阳市 1 米高分辨率遥感影像，目视解译了咸阳市城区公园边界，核算公园绿地 500 米服务半径对城区覆盖率。

三是调查结果。咸阳市有渭滨公园、古渡公园、咸阳湖景区、西渭苑、中华广场、人民广场、地热广场、柳仓休闲绿地、郭旗寨休闲绿地、兰池休闲景观带、渭柳湿地、两寺渡公园、厚德绿地、文林西路绿地、文渊绿地、长庆户外广场等多处公园绿地。通过 ArcGIS 平台解译咸阳市遥感影像数据进行测算，咸阳市城区共有公园绿地面积 2438. 54 公顷，公园绿地 500 米服务半径对城区覆盖面积 2165. 91 公顷，覆盖率 88. 82%(图 10-8)。

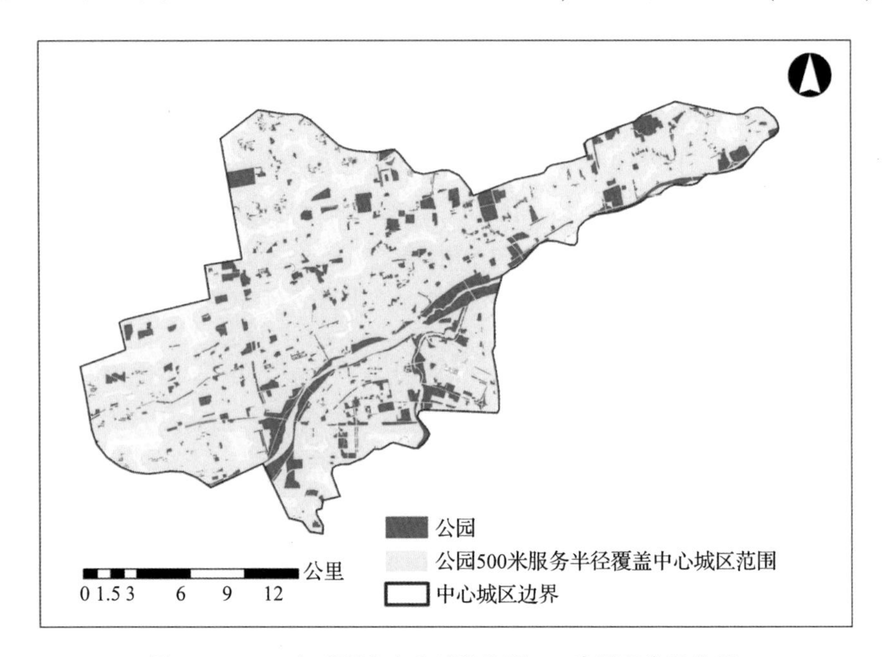

图 10-8　2020 年咸阳市中心城区公园 500 米服务半径分析

10. 3. 2　生态休闲场所服务

一是指标要求。建有森林公园、湿地公园等大型生态休闲场所，20 公里服务半径对市域覆盖达 70%以上。

二是调查方法。基于 ArcGIS 的缓冲区分析法。

三是调查结果。咸阳市拥有丰富的森林资源，其大型生态游憩地较多，总面积达 77087. 56 公顷，主要有石门山国家森林公园、翠屏山森林公园、乾陵森林公园、嵯峨山森林公园等森林公园；淳化冶峪河国家湿地公园、三原清峪河国家湿地公园、旬邑马栏河国家湿地公园等湿地公园。根据相关矢量数据的 ARCGIS 测算，20 公里缓冲区覆盖市域面积为 998565 公顷，对市域覆盖率达 97. 93%(图 10-9、表 10-27)。

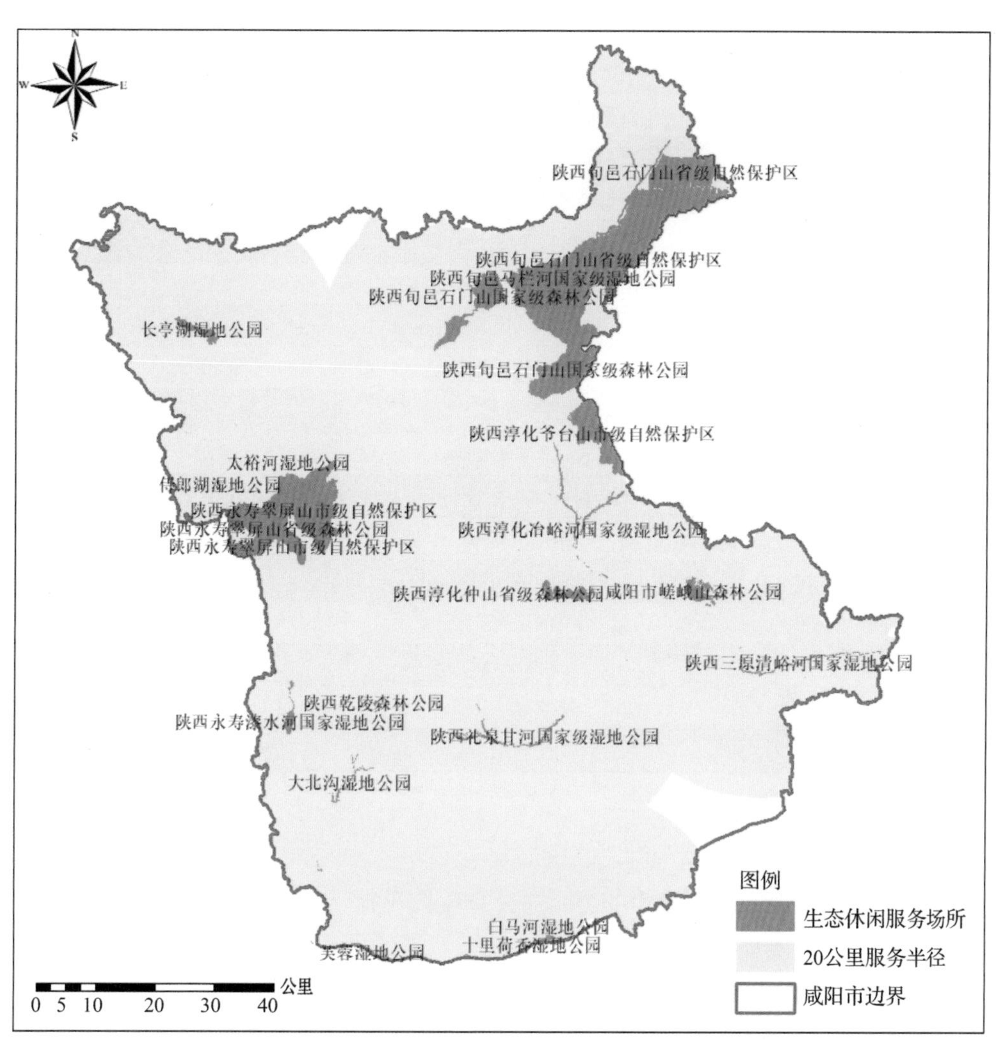

图 10-9 咸阳市大型生态休闲场所 20 公里服务半径分析

表 10-27 咸阳市大型生态休闲场所统计

性质	公园名称	所在县(市、区)	面积(公顷)
	陕西石门山省级自然保护区	旬邑县	30049
自然保护区	陕西永寿翠屏山市级自然保护区	永寿县	19145
	陕西淳化县台山市级自然保护区	淳化县	4195.1
	陕西石门山国家森林公园	旬邑县	8856
	陕西省翠屏山森林公园	永寿县	2900
国家、省级森林公园	陕西省乾陵森林公园	乾县	46.6
	咸阳市嵯峨山森林公园	三原县	1299.1
	陕西省仲山森林公园	淳化县	1280

（续）

性质	公园名称	所在县(市、区)	面积(公顷)
国家级湿地公园	淳化冶峪河国家湿地公园	淳化县	1170.9
	三原清峪河国家湿地公园	三原县	1069.8
	旬邑马栏河国家湿地公园	旬邑县	2020.2
	礼泉甘河国家湿地公园(试点)	礼泉县	881.9
	泾阳泾河国家湿地公园(试点)	泾阳县	843.44
	永寿漆水河国家湿地公园(试点)	永寿县	596.35
市级湿地公园	侍郎湖湿地公园	彬州市	44.64
	十里荷香湿地公园	兴平市	726.05
	大北沟湿地公园	乾县	323.09
	太裕河湿地公园	彬州市	18.21
	泔河湿地公园	乾县	64.46
	漆水河湿地公园	武功县	40.57
	白马河湿地公园	兴平市	52.20
	芙蓉湿地公园	武功县	487.95
	长亭湖湿地公园	长武县	977.00
合计			77087.56

10.3.3 公园免费开放

一是指标要求。财政投资建设的公园向公众免费开放。

二是调查方法。实地察看。

三是调查结果。咸阳市建有各类森林公园、湿地公园以及城市公园等休闲绿地，其中财政投资建设的有石门山国家森林公园、翠屏山森林公园、淳化冶峪河国家湿地公园、渭滨公园、古渡公园、咸阳湖景区、两寺渡公园等，全部向公众免费开放。并在街心绿地周边设置了居民群众休闲娱乐配套设施，满足群众游园需求，切实增强城市亲和力和凝聚力。

10.3.4 乡村公园

一是指标要求。每个乡镇建设休闲公园 1 处以上，每个村庄建设公共休闲绿地 1 处以上。

二是调查方法。实地察看。

三是调查结果。咸阳市在建设森林城市的过程中，持续推进“三化一片林”绿色家园示范村建设，通过围村林、庭院林、公路林、水系林及四旁绿化等绿化工程，初步形成城市森林化、城区园林化、通道林荫化、农村片林化的城乡一体化新格局。在绿化过程中，注重与周边自然、人文景观的结合与协调，并以马褂木、雪松、栾树、石榴、楸树等乡土树种为主，适当搭配灌木、花草，形成了多品种、多层次、多形式的绿化景观。据各县(市、区)村庄绿化统计，全市每个乡镇均有 1 处以上的休闲公园，公园数量达到乡镇数量的

136%；1747个行政村(社区)每个村庄已有1处以上公共休闲绿地。目前，共有1987个休闲公共绿地，绿地数量达到村庄数量的113.73%，见表10-28。

表10-28 咸阳市村庄绿化情况统计

县(市、区)	乡、镇(街道)	村庄数(个)	乡镇2000平方米以上公园个数(建成区街道以外)(个)	村庄公共休闲绿地(个)
合计		1747	154	1987
兴平市	东城街道办	17	2	18
	西城街道办	11	2	12
	店张街道办	15	1	17
	西吴街道办	13	1	15
	马嵬街道办	16	1	18
	赵村镇	10	1	11
	桑镇	12	1	14
	汤坊镇	13	1	14
	丰仪镇	11	1	14
	庄头镇	10	1	11
	阜寨镇	22	1	25
	南市镇	14	1	16
武功县	普集街道办	17	2	18
	小村镇	12	1	13
	南仁社区	16	2	17
	贞元镇	17	2	18
	苏坊镇	16	1	19
	普集街社区	13	1	14
	游风镇	11	1	12
	武功镇	21	2	23
	代家社区	13	1	14
	大庄镇	22	1	25
	长宁镇	16	1	17
	河道社区	12	1	13
乾县	城关街道办	28	1	29
	阳洪镇	8	1	9
	灵源镇	7	1	8
	大杨镇	13	1	14
	薛录镇	14	1	16
	马连镇	8	1	9
	姜村镇	8	1	9

（续）

县(市、区)	乡、镇(街道)	村庄数(个)	乡镇2000平方米以上公园个数(建成区街道以外)(个)	村庄公共休闲绿地(个)
乾县	王村镇	8	1	9
	梁村镇	13	1	14
	注泔镇	9	1	11
	峰阳镇	7	1	8
	杨峪镇	11	1	12
	梁山镇	10	1	11
	新阳镇	8	1	9
	周城镇	7	1	8
	临平镇	14	1	17
永寿县	监军街道办	17	5	19
	常宁镇	35	2	36
	店头镇	28	1	25
	马坊镇	30	1	33
	甘井镇	15	1	16
	永平镇	22	3	23
	渠了镇	32	1	33
礼泉县	城关街道办	41	2	42
	赵镇	13	1	14
	昭陵镇	30	1	31
	骏马镇	11	1	12
	阡东镇	11	1	12
	烽火镇	12	1	13
	烟霞镇	20	1	21
	西张堡镇	12	1	13
	南坊镇	14	1	15
	石潭镇	15	1	16
	叱干镇	20	1	21
	史德镇	14	1	15
三原县	城关街道办	31	3	32
	渠岸镇	10	1	11
	陂西镇	21	1	22
	鲁桥镇	10	1	11
	大程镇	19	1	23
	西阳镇	9	1	10

（续）

县(市、区)	乡、镇(街道)	村庄数(个)	乡镇2000平方米以上公园个数(建成区街道以外)(个)	村庄公共休闲绿地(个)
三原县	嵯峨镇	8	1	10
	新兴镇	13	1	14
	独李镇	10	1	11
	陵前镇	19	1	20
泾阳县	安吴镇	23	2	28
	云阳镇	23	1	26
	桥底镇	13	1	14
	王桥镇	11	1	17
	口镇	11	1	12
	三渠镇	17	1	18
	中张镇	18	1	19
	兴隆镇	18	3	24
淳化县	城关街道办	10	3	17
	官庄镇	22	1	23
	十里塬镇	22	2	29
	铁王镇	16	1	21
	石桥镇	9	2	14
	车坞镇	7	1	11
	方里镇	15	2	16
	润镇	15	1	18
旬邑县	城关街道办	9	2	14
	太村镇	20	2	26
	职田镇	11	1	14
	马栏镇	8	3	16
	土桥镇	27	1	30
	湫坡头镇	11	1	12
	底庙镇	9	1	11
	郑家镇	9	1	11
	张洪镇	14	2	16
	清塬镇	6	1	9
长武县	昭仁街道办	20	3	27
	彭公镇	17	1	20
	相公镇	17	1	18
	洪家镇	21	1	27

（续）

县(市、区)	乡、镇(街道)	村庄数(个)	乡镇2000平方米以上公园个数(建成区街道以外)(个)	村庄公共休闲绿地(个)
长武县	丁家镇	9	1	10
	枣元镇	9	1	10
	亭口镇	27	2	33
	巨家镇	13	2	15
彬州市	龙高镇	20	1	22
	新民镇	33	3	37
	北极镇	22	2	23
	永乐镇	10	1	11
	义门镇	19	1	23
	水口镇	16	1	17
	韩家镇	14	1	26
	太峪镇	14	1	15
	城关街道	21	2	25
	豳风街道	6	5	7

10.3.5 绿道网络

一是指标要求。建设遍及城乡的绿道网络，城乡居民每万人拥有的绿道长度达0.5公里以上。

二是调查方法。实地察看与资料查阅。

三是调查结果。城市绿道建设在提升城乡居民的生活质量，完善城市功能，强化地方风貌特征，拓展人们游憩空间，提升城市发展活力，维持城市低碳、环保和可持续发展理念均发挥重要的作用。目前，全市绿道总长度为279.6公里，全市常住人口435.62万人，城乡居民每万人拥有的绿道长度已达0.64公里(表10-29、图10-10)。

表10-29 咸阳市绿道建设情况统计

地区	绿道名称、地点	绿道类型	建设时间(年)	长度(公里)
城市建成区	环城区渭河两岸	社区绿道	2017	58
	咸通路—文林路—东风路—渭阳路	社区绿道	2017—2019	15
	沿咸平路	社区绿道	2019	11.8
	康定路—安谷路—钓鱼台路—白马路	社区绿道	2019	5.9
	环秦汉绿林	社区绿道	2017—2019	24.6
	沣西新城新河绿道	一级绿道	2020	7.8
	沣泾大道(乐华路—沣泾立交)	社区绿道	2020	3.2
	高泾大道(正阳大道—西铜铁路以东500米)两侧绿道	一级绿道	2020	1.4
	小计			127.7

（续）

地区	绿道名称、地点	绿道类型	建设时间(年)	长度(公里)
城乡绿道	渭城区机场引线	一、二级绿道	2017—2019	8
	兴平市十里荷香绿道、城北绿林绿道	社区绿道	2017—2019	40
	武功县渭河绿道	社区绿道	2017—2019	11.8
	礼泉县甘河绿道	社区绿道	2017—2019	10
	泾阳县泾河新城绿道	社区绿道	2017—2019	30
	三原县清峪河等绿道	社区绿道	2017—2019	22.1
	彬州市诗经风情园绿道	社区绿道	2017—2019	7
	长武县应急避难广场	社区绿道	2017—2019	8
	旬邑县湖绿道	社区绿道	2017—2019	10
	淳化县甘泉湖绿道	社区绿道	2017—2019	5
	小计			151.9
合计				279.6

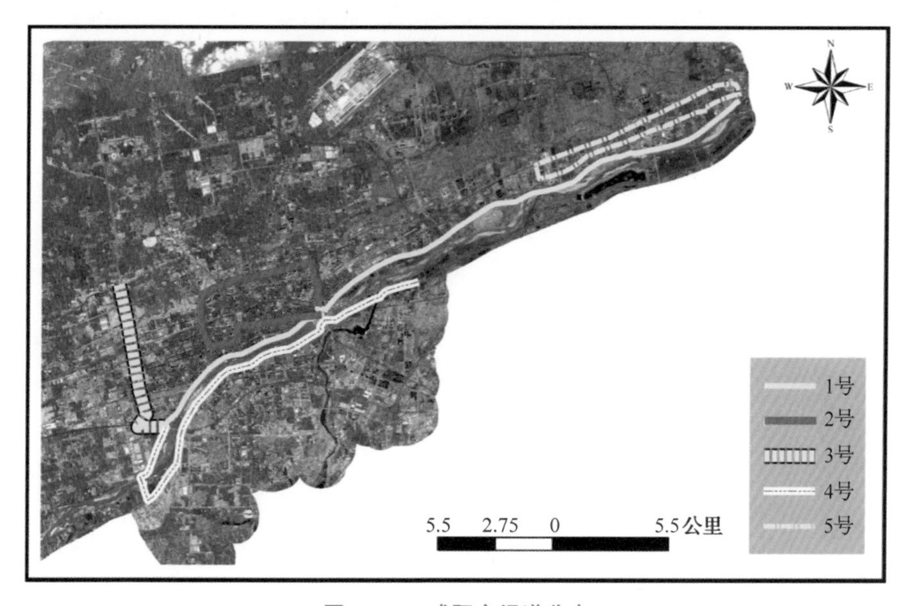

图 10-10 咸阳市绿道分布

10.3.6 生态产业

一是指标要求。发展森林旅游、休闲、康养、食品等绿色生态产业，促进农民增收致富。

二是调查方法。实地察看与资料查阅。

三是调查结果。近年来，咸阳市紧紧围绕“林业增效、林农增收”的目标，积极实施林业产业特色化建设，着力构建林业发展新优势，全面提升林业产业化水平。在生态旅游方面，咸阳市有 1 个国家级森林公园、6 个国家级湿地公园、4 个省级森林公园，利用较好的资源本底，积极发展集科普教育、拓展体验、森林康养、休闲旅游于一体的综合型森林康养基地，如旬邑马栏山森林休闲康养地、旬邑石门山森林休闲康养地、彬州市西庙头森林休闲康养地等，给当地百姓带来较大的额外收入。仅2019年游客总人数为67万人，游览总收入为0.6291亿元。林业产值方面，咸阳市现有经济林面积25.43万公顷，主要是以核桃、花椒、枣、柿子、石榴等为主的干杂果经济林；在发展干杂果经济林中，各地都制定优惠扶持政策，吸引、鼓励和支持各种投资主体参与杂果经济林建设，实行“公司+农户”的形式，解决了农民群众发展杂果经济林的后顾之忧和资金瓶颈。据统计，2017年、2018、2019年、2020年三大产业总值分别为141.66亿元、152亿元、163.13亿元、170.06亿元(表10-30)。

表10-30 咸阳市林业产业产值

年份	第一产业		第二产业		第三产业		总计	
	产值(万元)	比增(%)	产值(万元)	比增(%)	产值(万元)	比增(%)	产值(万元)	比增(%)
2017	116.04	3.43	12.51	-7.19	13.11	11	141.66	3.04
2018	121.52	4.72	13.6	8.71	16.88	28.76	152	7.30
2019	127.17	4.65	17.66	29.85	18.3	8.41	163.13	7.32
2020	131.57	3.45	19.82	12.23	18.67	2.02	170.06	4.25

10.4 生态文化体系

10.4.1 生态科普教育

一是指标要求。所辖县(市、区)均建有1处以上参与式、体验式的生态课堂、生态场馆等生态科普教育场所。在城乡居民集中活动的场所，建有森林、湿地等生态标识系统。

二是调查方法。实地察看与资料查阅。

三是调查结果。咸阳市通过电视、报纸、网络、公共LED显示屏等媒体平台宣传森林生态文化，并在城区和各县(市、区)设置森林生态宣传广告牌，提高市民对森林重视程度。目前，在咸阳境内共有57个市级以上的科普基地(表10-31)；同时，在城区主要公园、郊区森林公园、湿地公园等90%的生态休闲场所，设有专门的科普小标牌、科普宣传栏等森林生态知识教育设施，打造咸阳市的文化体验地，宣传森林文化、湿地文化、历史文化等科普知识，为市民和青少年提供了更多地了解自然的机会。

表10-31 咸阳市市级以上科普(技)教育基地名单

序号	基地名称	归属	批准时间	级别
1	汉景帝阳陵博物馆	渭城区	2018.3.7	市级
2	张裕瑞那酒庄(葡萄栽培及葡萄酒科技展览)	渭城区	2018.3.7	市级
3	西藏民族大学博物馆	渭城区	2018.3.7	市级
4	咸阳师范学院生物校本馆	渭城区	2018.3.7	市级

（续）

序号	基地名称	归属	批准时间	级别
5	咸阳市道北铁中	渭城区	2018. 3. 7	市级
6	咸阳职业技术学院生物标本馆	秦都区	2018. 3. 7	市级
7	陕西中医药大学陕西医史博物馆	秦都区	2018. 3. 7	市级
8	陕西中药研究所中药材标本馆及林药栽培基地	秦都区	2018. 3. 7	市级
9	咸阳湖咸阳动物园	秦都区	2018. 3. 7	市级
10	陕西华荣园林集团茂陵植物园	秦都区	2018. 3. 7	市级
11	咸阳日报社小记者团	秦都区	2018. 3. 7	市级
12	咸阳秦都区空压子弟学校	秦都区	2018. 3. 7	市级
13	陕西步长集团(陕西步长制药公司中药材展馆及栽培基地，陕西国际商贸学院博物馆)	雁塔区	2018. 3. 7	市级
14	华商报(今日咸阳)小记者站	兴平市	2018. 3. 7	市级
15	兴平市林业有害生物标本室	兴平市	2018. 3. 7	市级
16	苏武纪念馆(武功漆水河湿地公园景区)	武功县	2018. 3. 7	市级
17	李靖故居(三原清峪河湿地公园景区)	三原县	2018. 3. 7	市级
18	陕西水利博物馆(泾阳张家山湿地公园景区)	泾阳县	2018. 3. 7	市级
19	泾河农博园(泾阳泾河湿地公园景区)	泾阳县	2018. 3. 7	市级
20	淳化县野生动植物标本室	淳化县	2018. 3. 7	市级
21	旬邑县博物馆古象化石馆	旬邑县	2018. 3. 7	市级
22	旬邑县唐家民俗馆	旬邑县	2018. 3. 7	市级
23	马栏革命纪念馆(旬邑马栏河湿地公园景区)	旬邑县	2018. 3. 7	市级
24	旬邑县林业有害生物标本室	旬邑县	2018. 3. 7	市级
25	咸阳沣西启稚农园	西咸新区	2018. 3. 7	市级
26	秦都区沣河森林公园	秦都区	2019. 12	市级
27	秦都区丝路公园	秦都区	2019. 12	市级
28	秦都区滨河湿地公园	秦都区	2019. 12	市级
29	咸阳市沣河珍禽养殖场(野生动物救护基地)	秦都区	2019. 12	市级
30	渭城区秦汉公园	渭城区	2019. 12	市级
31	渭城区渭柳湿地公园(包括咸阳东郊污水处理厂)	渭城区	2019. 12	市级
32	兴平市城北森林公园	兴平市	2019. 12	市级
33	兴平市十里荷香湿地公园	兴平市	2019. 12	市级
34	武功县芙蓉湿地公园	武功县	2019. 12	市级
35	泾阳泾河国家湿地公园	泾阳县	2019. 12	市级
36	泾阳县纪海农林发展有限公司(野生动物救护基地)	泾阳县	2019. 12	市级
37	泾阳县佳沃农业有限公司(冬枣栽植基地)	泾阳县	2019. 12	市级
38	三原县嵯峨山森林公园	三原县	2019. 12	市级

（续）

序号	基地名称	归属	批准时间	级别
39	三原县清峪河湿地公园	三原县	2019. 12	市级
40	三原县金源山庄野生动物养殖场(野生动物救护基地)	三原县	2019. 12	市级
41	乾县泔河湿地公园	乾县	2019. 12	市级
42	礼泉甘河国家湿地公园	礼泉县	2019. 12	市级
43	礼泉县昭陵景区	礼泉县	2019. 12	市级
44	永寿县翠屏山市级自然保护区	永寿县	2019. 12	市级
45	永寿县翠屏山森林公园	永寿县	2019. 12	市级
46	永寿漆水河国家湿地公园	永寿县	2019. 12	市级
57	永寿华晟生态农业有限公司	永寿县	2019. 12	市级
48	彬州市西庙头森林公园	彬州市	2019. 12	市级
48	彬州市侍郎湖景区	彬州市	2019. 12	市级
50	彬州市太峪河湿地公园	彬州市	2019. 12	市级
51	彬州市正昊核桃病虫无公害防治示范基地	彬州市	2019. 12	市级
52	长武县长亭湖湿地公园	长武县	2019. 12	市级
53	淳化县爷台山市级自然保护区	淳化县	2019. 12	市级
54	淳化县仲山森林公园	淳化县	2019. 12	市级
55	淳化冶峪河国家湿地公园	淳化县	2019. 12	市级
56	旬邑马栏河国家湿地公园	旬邑县	2019. 12	市级
57	旬邑县石门山省级自然保护区	旬邑县	2019. 12	市级

10. 4. 2 生态宣传活动

一是指标要求。广泛开展森林城市主题宣传，每年举办市级活动 5 次以上。

二是调查方法。实地察看与资料查阅。

三是调查结果。自创建国家森林城市以来，为了提高全市人民节能环保、关爱动植物的意识，咸阳市相关部门每年举办“世界野生动植物日”和“世界环境保护日”等森林城市主题宣传活动，年举办次数超过 5 次。2017—2020 年，受众规模总人数分别为 7. 5 万人、9. 5 万人、14. 5 万人、7 万人。其中，市林业局积极在各大公园及动物园主办爱鸟周、科技之春、植树节等宣传活动，让孩子们对大自然有了深入的了解，加强了保护野生动物的意识。咸阳还通过多种形式宣传森林城市，提高了市民的生态文明意识：在城市主要街道、公共广场、公园、景区景点设置森林城市主题广告；运用手机短信、微信公众号、客户端、抖音等新媒体开展森林城市主题宣传；在商场、超市、商业大街、城市社区等显著位置展示森林城市主题广告；在公交车、地铁等公共交通工具车身展示城市森林公益广告；举办摄影展览、主题晚会、主题征文等活动，见表 10-32。

表 10-32　咸阳市 2017—2020 年开展市级生态科普活动统计

序号	活动名称(主题)	开展时间	组织单位	举办地点	受众规模(万人次)
1	“爱鸟周”宣传活动	2017. 4. 11-4. 17	市林业局	空压子弟学校	0. 5
2	“科技之春”宣传活动	2017. 3	市林业局	统一广场	1. 5
3	植树节宣传活动	2017. 3. 12	市绿化办	统一广场	2. 5
4	世界野生动植物日宣传	2017. 3. 3	市林业局	陕西中医药大学	1
5	世界环境保护日宣传	2017. 6. 5	市林业局 市环保局	统一广场	2
小计					7. 5
1	“爱鸟周”宣传活动	2018. 4	市林业局 自然资源局	统一广场	3
2	“科技之春”宣传活动	2018. 3	市林业局	咸阳湖	1. 5
3	植树节宣传活动	2018. 3. 12	市绿化办	统一广场	2
4	世界野生动植物日宣传	2018. 3. 3	市林业局	咸阳湖	1. 5
5	世界环境保护日宣传	2018. 6. 5	市林业局 市环保局	统一广场	1. 5
小计					9. 5
1	“爱鸟周”宣传活动	2019. 4	市林业局	统一广场	2
2	“科技之春”宣传活动	2019. 3	市林业局	统一广场	2
3	植树节宣传活动	2019. 3. 12	市绿化办	咸阳湖	2. 5
4	世界野生动植物日宣传	2019. 3. 3	市林业局	咸阳湖	1. 5
5	世界环境保护日宣传	2019. 6. 5	市林业局 市环保局	统一广场	2
6	森林病虫害知识科普宣传	2019. 7	市林业局	清谓搂	1
7	美国白蛾防治科普宣传	2019. 2	市林业局	沣西新城	1
8	生态安全科普宣传	2019. 8	市林业局	西安曲江会展中心	1. 5
9	森林病虫害知识科普宣传	2019. 9	市林业局	西安动管站病虫害科普基地	1
小计					14. 5
1	“科技之春”宣传活动	2020. 3	市林业局	统一广场	2
2	国际生物多样日	2020. 5	市林业局	空压学校	1
3	环境保护日	2020. 6	市林业局 市环保局	统一广场	1
4	森防科技培训交流	2020. 11	市林业局 西北农林 科技大学	沣西新城	1
5	森防条例宣传日	2020. 12	市林业局	秦都区、兴平市	2
小计					7

10.4.3 古树名木

一是指标要求。古树名木管理规范，档案齐全，保护措施科学到位，保护率达100%。

二是调查方法。根据陕西省古树名木数据库相关数据，结合抽样调查。

三是调查结果。古树名木是自然界和前人留下来的珍贵遗产，经咸阳市绿化委员会审查认定，咸阳市现有古树名木23073株，其中，特级43株，一级240株，二级152株，三级22625株，名木13株。自创建国家森林城市以来，咸阳市加大执法力度和宣传力度，坚决制止破坏古树名木的行为，并建立古树名木信息库，进行长期的信息化监控管理，对其生长状况、保护工作等定期监测、分析，制定相应的技术措施，逐步实现了现代化养护管理。此外，咸阳市还注重对广大市民植绿、爱绿、保护古树名木意识的培养，例如：咸阳市组织媒体对“十大树王”进行历史故事挖掘、影像资料收集，并在咸阳日报、咸阳广播电视台宣传，极大地提高了广大市民对古树名木的认知程度，有效保护境内古树名木。

10.4.4 市树市花

一是指标要求。设立市树、市花。

二是调查方法。实地调查。

三是调查结果。市树市花既是城市形象的重要标志，也是城市文化的浓缩和城市繁荣富强的象征。经依法民主议定，确定咸阳市树是国槐，市花为紫薇，并在城乡绿化中广泛应用。国槐，耐寒抗旱、树形优美，具有吸烟滞尘、涵养水源、固土防沙和美化环境等多种功能，已广泛应用于咸阳城市绿化建设。国槐刚直挺拔的树形如同咸阳人民坚韧不拔的精神和胸怀远大的抱负。紫薇花姿隽雅、秉性高洁，历来受人青睐。在光辉灿烂的中华民族文化历史上，紫薇不与群花争春，淡雅高洁的风骨和一枝独秀的品格被代代传颂，被誉为“花中皇后”，受到当地市民的喜爱。

10.4.5 公众态度

一是指标要求。公众对森林城市建设的知晓率、支持率和满意度均达到90%以上。

二是调查方法。问卷调查。

三是调查结果。咸阳市自创建国家森林城市活动以来，通过电视广播、网站、报纸、画册、广告牌、微信平台等方式，进行国家森林城市工作和国家森林城市知识宣传。另外，咸阳市举办了“多彩咸阳、最美花海”评选活动、“创建森林城市、展现青春风采”青少年征文大赛、以“绿水青山看咸阳”为主题的创森杯摄影大赛、以“让森林走进城市，让城市拥抱森林”为主题的创森知识电视大赛等活动。并广泛开展城市绿地认建、认养、认管等多种形式的社会参与绿化活动，使广大市民对创建国家森林城市有了进一步了解。2020年7月4日，发放200份问卷，回收有效问卷共193份。受访者对咸阳创建国家森林城市支持率、满意度均为100%。

10.5 组织管理体系

10.5.1 建设备案

一是指标要求。在国家森林城市建设主管部门正式备案2年以上。

二是调查方法。查阅相关文件资料。

三是调查结果。2017年咸阳提出创建森林城市后，得到国家林业局(现国家林业和草原局)的相关批复并且备案。咸阳市成立以市政府主要领导为组长，市委、市人大、市政府、市政协、军分区、西咸新区管委会分管领导为副组长，各县(市、区)政府和市级有关部门主要负责同志为成员的领导小组。各县(市、区)政府、市级各有关部门成立相应工作机构，制定本辖区(部门)实施方案，分解工作任务，精心组织重点工程的实施，形成"高位推动、部门联动、上下互动"的工作格局。另外，咸阳市通过实行工程建设地方政府负责制、严把设计及施工关、严格检查验收制度、落实管护责任等措施来强化工程质量，确保工程发挥长期效益。

10.5.2 规划编制

一是指标要求。编制规划期限10年以上的国家森林城市建设总体规划，并批准实施2年以上。

二是调查方法。查阅相关文件。

三是调查结果。2017年，国家林业局林产工业规划设计院、咸阳市人民政府编制了《咸阳市国家森林城市建设总体规划(2017—2026年)》，并在市政府批准实施后，印发了《咸阳市创建国家森林城市实施方案》，市委市政府对"创森"指标逐一进行分解，将国家森林城市工作纳入各级政府绩效目标管理，层层落实国家森林城市目标责任，每年对各县(市、区)和相关部门专门组织验收核查。同时，咸阳市在森林生态体系建设、生态产业体系建设、生态文化体系建设、支撑能力体系等方面均有详细可行的实施方案，与森林城市建设总体规划互相借鉴和补充，形成了完整的森林城市建设规划体系，并适时开展督查、调度和通报工作。在此过程中，咸阳市国家森林城市领导小组办公室组织检查组对全市国家森林城市建设重点项目进行自查检验，确保各项任务全面完成。

10.5.3 科技支撑

一是指标要求。建立长期稳定的科技支撑体系，专业技术队伍健全，技术规程完备。

二是调查方法。根据各部门提供相应材料。

三是调查结果。近年来，咸阳市林业局与国家、省市林业科研、教学单位建立长期合作，开展全方位的林业科技攻关与人才培养合作，取得了丰富的科技成果。其中，'彬枣3号'良种及丰产栽培技术示范与推广项目获得了陕西省林业技术推广成果一等奖，渭北旱塬困难立地植被恢复综合配套技术推广项目、咸阳市核桃标准化示范区建设项目和永寿核桃生态高效栽培技术示范推广项目获得了陕西省林业技术推广成果二等奖；'昭陵御石榴’品种选育及栽培技术推广项目获得了陕西省科学技术进步一等奖。同时，咸阳市科技人员队伍雄厚，仅咸阳市林业局专业技术人员就有数名高级工程师，有效保障城市森林建设技术的推广与实施。咸阳市组织专家、教授对贫困人员进行技术培训，2017—2019 年共举办培训班 551 场次，培训林农 27938 人次。编制出台了《野生动物保护与饲养解答》《核桃园秋冬季管理技术手册》《咸阳市主要树种栽培技术》《花椒丰产栽培技术》等森林城市建设技术规范、手册共 5 册。

10.5.4 示范活动

一是指标要求。开展森林社区、森林单位、森林乡镇、森林村庄、森林人家等多种形式示范活动。

二是调查方法。资料查询并结合实地走访。

三是调查结果。咸阳市国家森林城市开展以来，充分挖潜闲置地、后备绿地资源，以植物造景为主，丰富空间景观，提升社区绿化的文化内涵，规划建设绿色社区 300 个。近年来，咸阳市持续推进“三化一片林”森林村庄示范村建设，不断加大村旁、路旁、水旁、宅旁绿化力度，累计建成绿色家园示范村 683 个，努力营造优美的人居环境。开展森林小镇、森林村庄建设，初步形成城市森林化、城区园林化、通道林荫化、农村片林化的城乡一体化新格局。以创建“绿色村庄、绿色庭院、绿色道路、绿色校园、绿色单位、绿色县城”为主题的示范活动，推动经济社会与生态文明协调发展。

10.5.5 档案管理

一是指标要求。档案完整规范，相关技术图件齐备，实现科学化、信息化管理。

二是调查方法。应包括相关的政府文件、相关部门的规划、实施方案资源数据资料等等。

三是调查结果。近年来，咸阳市进一步加强了森林城市建设档案的标准化、规范化管理，在完善制度、强化培训、提升硬件的基础上，建立了专门的城市森林创建和森林资源管理资料档案室。对开展国家森林城市活动以来形成的各种文字材料分门别类，按照法规政策篇、城市森林网络篇、城市森林健康篇、城市林业经济篇、城市生态文化篇、城市森林管理篇和工作动态篇进行整理和归档，相关资料收集完整，全面真实地反映了创建过程和创建成果。

从以上调查结果可看出，自 2017 年咸阳市委市政府作出创建国家森林城市的重大决定以来，认真践行“绿水青山就是金山银山”的理念，严格按照《陕西省咸阳市国家森林城市建设总体规划(2017—2026 年)》实施，围绕创建国家森林城市的总体目标，结合新区建设，实施了一批民生重点绿化工程，取得了突出成效。目前，《国家森林城市评价指标》(GB/T 37342—2019)36 项指标的要求，咸阳市已全部达到或超过标准要求。同时，对照《国家森林城市指标测评操作手册》打分，预期可达 98.49 分，符合国家森林城市称号批准申报条件。

第 11 章 新指标体系与咸阳创森成效对比分析

11.1 城市森林网络体系对比

一是林木覆盖率。咸阳市国土面积 101.96 万公顷，现有的乔木林地面积 38.98 万公顷、灌木林地面积 1.92 万公顷、城区林木覆盖面积为 1.9 万公顷，全市林木覆盖率为 41.98 %。

二是城区绿化覆盖率。国家森林城市创建期间，咸阳市积极实施拆墙透绿、拆违建绿、拆临扩绿、见缝插绿、退地还绿，积极推广建筑物墙体、屋顶等立体绿化，提高了现有绿化用地的利用率，使城区内的景观质量有所改善。目前，咸阳市建成区绿化覆盖面积达 22942.05 公顷，各类绿地面积为 22325.81 公顷，绿化覆盖率为 45.19%，国家森林城市前增长 6.54 个百分点。

三是城区树冠覆盖率。咸阳市城区绿化注重选用乡土景观乔木树种，并注重乔花灌草多层覆盖的绿化模式应用。采取近自然管理方式，减少截干修剪，以提高树冠覆盖度，初步形成了乔木与灌木俯仰多姿，绿树与花卉相映生辉，三季有花、四季常青的绿化格局。

四是城区人均公园绿地面积。国家森林城市期间，咸阳市新建、改建各类城市公园、游园、街旁绿地等 271 处，为群众创造了更多、更舒适的城市公园和绿地。目前，咸阳市建成区公园绿地面积达 3492.67 公顷，人均公园绿地面积为 14.92 平方米。

五是城区林荫道路率。咸阳市城区主次干道总计 135 条，总长度为 378.62 公里，其中林荫道路里程为 310.42 公里，林荫道路率达 81.99%。较“创森”前增长 4.21 个百分点。

六是城区地面停车场绿化。国家森林城市创建期间，咸阳对新建停车场按林荫化标准进行绿化建设，并对原有地面停车场的林荫化改造。目前，全市新建、扩建或改建的 32 处公共停车场，绿化遮阴面积 23.95 公顷，总体乔木树冠覆盖率达到 32.60%。

七是乡村绿化。国家森林城市创建期间，咸阳市以乡村振兴战略为引领，持续推进

“三化一片林”绿色家园示范村建设。2020 年底全市村庄绿化覆盖率为 39. 76%。较“创森”前增长 7. 66 个百分点。

八是道路绿化。国家森林城市创建期间，咸阳市陆续完成了境内所有高速公路的林带建设，对国省县道、同村公路进行了全面绿化。境内道路总里程为 1868. 57 公里，适宜绿化里程为 1676. 61 公里，已绿化里程为 1666. 92 公里，平均道路绿化率为 99. 42%。较“创森”前增长 5. 1 个百分点。

九是水岸绿化。国家森林城市创建期间，咸阳市充分利用水岸沿线的可造林地块建设防护林带，衔接周边的道路林网，形成贯通全境的绿色网络。主要河流近自然河岸长度为 564. 43 公里，自然化率为 88. 4%，适宜绿化长度为 401 公里，已绿化长度为 356. 89 公里，水岸林木绿化率为 89%。较“创森”前增长 6. 86 个百分点。

十是农田林网。国家森林城市创建期间，咸阳市依托三北防护林、退耕还林工程，按照《生态公益林建设 技术规程》要求，高标准建设农田林网。截至 2020 年，咸阳市农田林网防护的农田面积为 259291. 16 公顷，农田林网控制率为 95. 16 %，形成了良好的生态屏障。

十一是重要水源地绿化。国家森林城市创建以来，咸阳市不断加强水源地周围森林植被保护与恢复建设，增强了水源地周围植被的涵养水源、保持水土、景观营造、固岸护堤等多重功能。以咸阳市森林资源二类调查 GIS 矢量图数据为基础来分析其森林覆盖率情况，森林覆盖率达到指标要求。

十二是受损弃置地生态修复。国家森林城市创建期间，针对部分矿区生态环境破坏的实际，咸阳市采取快速土壤改良、植被恢复、生态工程、耕地工艺和树种选择等措施；积极开展受损弃置地生态修复，受损弃置地生态修复率达 100%，有效减少了水土流失，防止生态环境恶化，恢复了地貌景观、植被资源。

11. 2 城市森林健康体系对比

一是树种多样性。在城市绿化过程中，充分利用乡土木本植物丰富的优势，大量应用符合生态环境整体要求的树种，在营造特色景观的同时，对整体生态系统的平衡和保护起到了积极的作用。

二是乡土树种使用率。咸阳市在绿化植物的选择上，始终坚持“以乡土树种为主”的原则，大力提倡使用乡土树种，大幅提高了乡土苗木在城区绿化植物配置中的比例。目前全市乡土树种数量占城市绿化树种数量的 98. 69%。较“创森”前增长 16. 69 个百分点。

三是苗木使用。在森林城市建设过程中，坚持“多种大苗，不栽大树”的原则，坚持提升绿化景观效果，提高城市森林生态功能，实现了绿树成荫、花枝交错的绿化效果。来自树种适生区种源的乡土树种种苗使用率达 87. 2%。较“创森”期间增长 2. 2 个百分点。

四是生态养护。国家森林城市创建期间，咸阳市城区绿化多采用近自然的经营管理模式，城区街道和水岸绿化带的裸露树穴广泛种植耐荫草本植物，使林下少有出现裸露的土地。经过实地调查，有机覆盖面积为166.43公顷，有机覆盖率达80.7%。

五是森林质量提升。近年来，咸阳市积极推进低效林改造、退化防护林改造、森林抚育等林业项目。国家森林城市期间，提升森林面积达79058公顷，平均每年完成了需提升面积的17.11%。

六是动物生境营造。国家森林城市创建以来，咸阳市在城市绿化及周边生态风景林改造提升过程中，注重保护和选用留鸟、引鸟乡土树种的应用，为增加生物多样性提供条件，目前共有生态廊道836.63公里，其中水系廊道551.55公里，道路廊道285.08公里，实现了大型森林、湿地等生态斑块的有效连接。

七是森林灾害防控。咸阳市林业有害生物成灾率低于3.8‰；无公害防治率95%以上；测报准确率91%以上；种苗产地检疫率连年100%；森林火灾受害率始终控制在0.2‰以下。

八是资源保护。咸阳市高度重视森林资源保护工作，率先在全省推行林长制。坚持加大执法力度，严厉打击乱砍滥伐、乱采滥挖、乱捕滥猎等破坏森林资源的违法行为。进一步规范林业用地，划定生态“红线”，杜绝非法占用林地和改变林地用途的行为，有效地保护了森林资源。

11.3 生态福利体系对比

一是城区公园绿地服务。咸阳市城区共有公园绿地面积2438.54公顷，公园绿地500米服务半径对城区覆盖面积2165.91公顷，覆盖率88.82%。

二是生态休闲场所服务。咸阳市拥有丰富的森林资源，其大型生态游憩地较多，总面积达77087.56公顷，20公里缓冲区覆盖市域面积为998565公顷，对市域覆盖率达97.93%。

三是公园免费开放。咸阳市建有森林公园20个、湿地公园15个以及多个城市公园等休闲绿地，其中财政投资建设的各类公园等，全部向公众免费开放。

四是乡村公园。国家森林城市以来，全市每个乡镇均建成1处以上的休闲公园，公园数量达到乡镇数量的136%；每个村庄均建成1处以上公共休闲绿地，目前共有1987个休闲公共绿地，绿地数量达到村庄数量的113.73%。

五是绿道网络。目前，全市绿道总长度为279.6公里，全市常住人口435.62万人，城乡居民每万人拥有的绿道长度已达0.64公里。

六是生态产业。咸阳市紧紧围绕“林业增效、林农增收”的目标，大力发展以核桃为主的干杂果经济林，深入开展生态旅游，积极实施特色化林业产业建设，实现当地群众增收。

11.4 生态文化体系对比

一是生态科普教育。目前，在咸阳境内共建成57个市级以上的科普基地；同时，在城区主要公园、郊区森林公园、湿地公园等90%的生态休闲场所，设有专门的科普小标牌、科普宣传栏等森林生态知识教育设施，为市民和青少年提供了更多地了解自然的机会。

二是生态宣传。自创建国家森林城市以来，咸阳市相关部门每年举办"世界环境保护日""世界野生动植物日"等宣传活动，广泛开展征文活动、摄影展及举办知识竞赛等形式，深入宣传我市创建国家森林城市的成果。

三是古树名木。经咸阳市绿化委员会审查认定，咸阳市现有古树名木23073株，其中，特级43株，一级240株，二级152株，三级22625株，名木13株。自国家森林城市以来，咸阳市加大执法力度和宣传力度，坚决制止破坏古树名木的行为，并建立古树名木信息库，逐步实现了现代化养护管理。

四是市树市花。经依法民主议定，确定咸阳市树是国槐，市花为紫薇，并在城乡绿化中广泛应用。

五是公众态度。咸阳市自创建国家森林城市活动以来，通过电视广播、大网站、报纸、画册、广告牌、微信平台等方式，向全社会深入进行国家森林城市工作和国家森林城市知识宣传，据统计，市民对创建国家森林城市支持率、满意度均为90%以上。

11.5 组织管理体系对比

一是建设备案。2017年咸阳提出森林城市创建后，得到国家林业局的相关批复并且备案。咸阳市成立以市政府主要领导为组长，相关分管领导为副组长，各县市(区)政府和市级有关部门主要负责同志为成员的领导小组。各县市(区)政府、市级各有关部门成立相应工作机构，精心组织重点工程的实施，形成"高位推动、部门联动、上下互动"的工作格局。

二是规划编制。2017年，国家林业局林产工业规划设计院、咸阳市人民政府编制了《咸阳市国家森林城市建设总体规划(2017—2026年)》，印发了《咸阳市创建国家森林城市实施方案》，市委市政府对国家森林城市指标逐一进行分解，将国家森林城市工作纳入各级政府绩效目标管理，层层落实国家森林城市目标责任。

三是科技支撑。近年来，咸阳市林业局与国家、省市林业科研、教学单位建立长期合作，开展全方位的林业科技攻关与人才培养合作，取得了丰富的科技成果。四是示范活动。国家森林城市期间，咸阳市深入开展绿色示范创建活动。建成省级森林城市5个，森林小镇10个，森林乡村115个，国家级森林乡村48个，绿色社区100个，绿色学校36

个，起到了良好的示范作用。

四是档案管理。国家森林城市期间，咸阳市创森办建立了专门的城市森林创建和森林资源管理资料档案室。对开展国家森林城市活动以来形成的各种文字材料分门别类，相关资料收集完整，全面真实地反映了创建过程和创建成果。

表 11-1 咸阳市国家森林城市建设评价指标对照

序号	指标名称	指标要求	2020 年	达标情况(+/-)
		一、森林网络		
1	林木覆盖率	年降水量 400~800 毫米的城市，林木覆盖率达 30%以上	41.98 %	+11.98%
2	城区绿化覆盖率	≥40%	45.19%	+5.19%
3	城区树冠覆盖率	城区树冠覆盖率≥25%，下辖县(市、区)城区树冠覆盖率≥20%	40.17%；28.77%	+15.17%；+8.77%
4	城区人均公园绿地面积	≥12 平方米	14.92	+2.92
5	城区林荫道路率	城区主干路、次干路林荫道路率≥60%	81.99%	+21.99%
6	城区地面停车场绿化	城区新建地面停车场的乔木树冠覆盖率≥30%	32.60%	+2.60%
7	乡村绿化	乡镇道路绿化覆盖率≥70%，村庄林木绿化率≥30%，村旁、路旁、水旁、宅旁基本绿化美化	88.18%；39.76%	+18.18%；+9.76%
8	道路绿化	铁路、县级以上公路等道路绿化与周边自然、人文景观相协调，适宜绿化的道路绿化率≥80%	99.42%	+19.42%
9	水岸绿化	注重江、河、湖、库等水体沿岸生态保护和修复，水体岸线自然化率≥80%，适宜绿化的水岸绿化率≥80%	88.4%；89%	+8.4%；+9%
10	农田林网	按照 GB/T 18337.3 要求建设农田林网	√	达标
11	重要水源地绿化	重要水源地森林植被保护完好，森林覆盖率≥70%，水质净化和水源涵养作用得到有效发挥	85.2%	+15.2%
12	受损弃置地生态修复	受损弃置地生态修复率≥80%	100%	+20%
		二、森林健康		
13	树种多样性	城市森林树种丰富多样，形成多树种、多层次、多色彩的森林景观，城区某一个树种的栽植数量不超过树木总数量的 20%	11.1%	-8.9%
14	乡土树种使用率	城区乡土树种使用率≥80%	98.69%	+18.69%
15	苗木使用	注重乡土树种苗木培育，使用良种壮苗，提倡实生苗、容器苗、全冠苗造林，严禁移植天然大树	√	达标
16	生态养护	避免过度人工干预，注重森林、绿地土壤的有机覆盖和功能提升，城区绿地有机覆盖率≥60%	80.7%	+20.7%
17	森林质量提升	注重森林质量精准提升，每年完成需提升面积的 10%以上，培育优质高效城市森林	17.11%	+7.11%
18	动物生境营造	保护和选用留鸟、引鸟、食源蜜源植物，大型森林、湿地等生态斑块通过生态廊道实现有效连接	√	达标
19	森林灾害防控	建立完善的有害生物和森林火灾防控体系	√	达标
20	资源保护	划定生态红线。未发生重大涉林犯罪案件和公共事件	√	达标

（续）

序号	指标名称	指标要求	2020年	达标情况（+/-）
三、生态福利				
21	城区公园绿地服务	公园绿地500米服务半径对城区覆盖≥80%	88.82%	+8.82%
22	生态休闲场所服务	建有森林公园、湿地公园等大型生态休闲场所，20公里服务半径对市域覆盖≥70%	97.93%	+27.93%
23	公园免费开放	财政投资建设的公园向公众免费开放	√	达标
24	乡村公园	每个乡镇建设休闲公园1处以上，每个村庄建设公共休闲绿地1处以上	√	达标
25	绿道网络	建设遍及城乡的绿道网络，城乡居民每万人拥有的绿道长度达0.5公里以上	0.64	+0.14
26	生态产业	发展森林旅游、休闲、康养、食品等绿色生态产业，促进农民增收致富	√	达标
四、生态文化				
27	生态科普教育	所辖县（市、区）均建有1处以上参与式、体验式的生态课堂、生态场馆等生态科普教育场所。在城乡居民集中活动的场所，建有森林、湿地等生态标识系统	57	+44
28	生态宣传活动	广泛开展森林城市主题宣传，每年举办市级活动5次以上	5	达标
29	古树名木	古树名木管理规范，档案齐全，保护措施科学到位，保护率达100%	100%	达标
30	市树市花	设立市树、市花	√	达标
31	公众态度	公众对森林城市建设的知晓率、支持率和满意度≥90%	100%；100%	+10%
五、组织管理				
32	建设备案	在国家森林城市建设主管部门正式备案2年以上	√	达标
33	规划编制	编制规划期限10年以上的国家森林城市建设总体规划，并批准实施2年以上	√	达标
34	科技支撑	建立长期稳定的科技支撑体系，专业技术队伍健全，技术规程完备	√	达标
35	示范活动	积极开展森林社区、森林单位、森林乡镇、森林村庄、森林人家等多种形式示范活动	√	达标
36	档案管理	档案完整规范，相关技术图件齐备，实现科学化、信息化管理	√	达标

国家林业局关于着力开展森林城市建设的指导意见

建设森林城市，是加快造林绿化和生态建设的创新实践，是推进林业现代化和生态文明建设的有力抓手。近些年，在有关方面的重视和支持下，我国森林城市建设呈现出良好发展态势，取得了令人瞩目的成效，对改善城乡生态面貌、提高人居环境质量、传播生态文明理念、促进绿色发展起到了重要作用。为深入落实中央的决策部署，满足人民群众的新期待，就着力开展森林城市建设提出如下意见。

一、总体要求

（一）指导思想

全面贯彻党的十八大和十八届三中、四中、五中全会精神，认真落实习近平总书记关于着力开展森林城市建设的重要指示，牢固树立创新、协调、绿色、开放、共享的发展理念，以改善城乡生态环境、增进居民生态福利为主要目标，以大地植绿、心中播绿为重点任务，构建完备的城市森林生态系统，打造便利的森林服务设施，建设繁荣的生态文化，传播先进的生态理念，为全面建成小康社会、建设生态文明和美丽中国作出贡献。

（二）基本原则

坚持以人为本，森林惠民；坚持保护优先，师法自然；坚持城乡统筹，一体建设；坚持科学规划，持续推进；坚持政府主导，社会参与。

（三）发展目标

到 2020 年，森林城市建设全面推进，基本形成符合国情、类型丰富、特色鲜明的森林城市发展格局，初步建成 6 个国家级森林城市群、200 个国家森林城市、1000 个森林村庄示范，城乡生态面貌明显改善，人居环境质量明显提高，居民生态文明意识明显提升。

二、主要任务

（四）着力推进森林进城

将森林科学合理地融入城市空间，使城市适宜绿化的地方都绿起来。充分利用城区有限的土地增加森林绿地面积，特别是要将城市因功能改变而腾退的土地优先用于造林绿化。积极推进森林进机关、进学校、进住区、进园区。积极发展以林木为主的城市公园、市民广场、街头绿地、小区游园。积极采用见缝插绿、拆违建绿、拆墙透绿和屋顶、墙体、桥体垂直绿化等方式，增加城区绿量。

（五）着力推进森林环城

保护和发展城市周边的森林和湿地资源，构建环城生态屏障。依托城市周边自然山水格局，发展森林公园、郊野公园、植物园、树木园和湿地公园。依托城市周边公路、铁路、河流、水渠等，建设环城林带。依托城市周边的荒山荒地、矿区废弃地、不宜耕种地等闲置土地，建设环城片林。

（六）着力推进森林惠民

充分发挥城市森林的生态和经济功能，增强居民对森林城市建设的获得感。积极推进各类公园、绿地免费向居民开放，建设遍及城乡的绿道网络和生态服务设施，方便居民进入森林、享用森林。积极发展以森林为依托的种植、养殖、旅游、休闲、康养等生态产业，促进农民增收致富。

（七）着力推进森林乡村建设

开展村镇绿化美化，打造乡风浓郁的山水田园。注重建设村镇公园和村镇成片森林，拓展乡村公共生态游憩空间。注重提升村旁、宅旁、路旁、水旁等“四旁”绿化和农田防护林水平，改善农村生产生活环境。注重保护大树古树、风景林，传承乡村自然生态景观风貌。

（八）着力推进森林城市群建设

加强城市群生态空间的连接，构建互联互通的森林生态网络体系。依托区域内山脉、水系和骨干道路，建设道路林网、水系林网和大尺度片林、贯通性生态廊道，实现城市间森林、绿地等生态斑块的有效连接。加强区域性水源涵养区、缓冲隔离区、污染防控区成片森林和湿地建设，形成城市间生态涵养空间。

（九）着力推进森林城市质量建设

加强森林经营，培育健康稳定、优质优美的近自然城市森林。实施科学营林，尽量使用乡土树种、有益人体健康和吸收雾霾的树种，合理调控林分密度、乔灌草比例、常绿与落叶彩叶树种比重。实施现有林林相改造，形成多树种、多层次、多色彩的森林结构和森林景观。加强林地绿地的生态养护，避免过度的人工干预，注重森林绿地土壤的有机覆盖和功能恢复，增强其涵养水分、滞尘等生态功能。

（十）着力推进森林城市文化建设

充分发挥城市森林的生态文化传播功能，提高居民生态文明意识。依托各类生态资源，建立生态科普教育基地、走廊和标识标牌，设立参与式、体验式的生态课堂。国家森林城市应该建设一个森林博物馆，以及其他生态类型的场馆。加强古树名木保护，做好市树市花评选。利用植树节、森林日、湿地日、荒漠化日、爱鸟日等生态节庆日，积极开展生态主题宣传教育活动。

(十一)着力推进森林城市示范建设

切实搞好国家森林城市建设，进一步完善批准的标准和程序，充分发挥其示范引领作用。积极开展省级森林城镇示范，带动森林县城、森林乡镇、森林村庄建设。国家森林城市行政区域内的县(区、市)，原则上都要是省级森林城镇。对国家森林城市实行动态管理，加强后续的指导服务和监督检查。

三、保障措施

(十二)加强组织领导

各级林业主管部门要切实提高认识，把森林城市建设作为推进林业现代化的重要内容和有力抓手。要推动森林城市建设纳入当地经济社会发展战略，摆上地方党委、政府的重要议事日程。要督促建立健全组织领导机制，加强对森林城市建设的人力、物力、财力支持。要协调相关部门各司其职、各负其责，形成森林城市建设合力。

(十三)科学编制规划

要依据全国森林城市发展规划编制省级规划，科学确定今后一个时期森林城市建设的目标任务。要谋划启动一批森林城市建设重点工程，并发挥好现有林业工程对森林城市建设的支持作用。要督促和指导城市政府编制一个期限十年以上的森林城市建设规划，确保森林城市建设有规划引领、有工程带动、有资金支撑。

(十四)完善政策支持

要推动各级政府把森林城市建设纳入本级公共财政预算，切实落实建设资金。要建立起多元的投融资机制，鼓励金融和社会资本参与森林城市建设。要制定奖补政策，对开展森林城市建设的进行补贴，对获得国家森林城市称号的给予奖励。要划定生态红线，确保森林城市建设用地需要、生态建设成果以及自然山水格局。

(十五)强化科技支撑

要积极解决森林城市建设中的理论和技术问题，完善评价体系和技术规范，加强先进技术的推广应用，确保森林城市建设的质量和成效。要加强森林城市建设的人才培养，加大从业人员的业务培训。要建立起森林城市生态定位观测网络，加强综合效益监测与评估。要推进国际合作交流，借鉴国际先进理念和经验，提升我国森林城市建设的水平和影响力。

(十六)扎实有序推进

要遵循经济规律和自然规律，增强森林城市建设的实效性。坚持循序推进，反对违背自然规律的蛮干行为，特别是运动式推进的做法。坚持务求实效，反对违背群众意愿的形象工程，特别是大搞奇花异草的做法。坚持勤俭节约，反对一切形式的铺张浪费，特别是大树古树进城和非法移栽的做法。

国家森林城市（地级及以上）测评体系操作手册（2020年版）

1. 森林网络

1.1 林木覆盖率

1.1.1 测评标准

年降水量400毫米以下的城市，林木覆盖率达25%以上；年降水量400~800毫米的城市，林木覆盖率达30%以上；年降水量800毫米以上的城市，林木覆盖率达35%以上。湿地及水域面积占国土面积10%以上的城市，林木覆盖率达25%以上。

1.1.2 测评方法

书面审评。

1.1.3 具体要求

书面审评需提交的材料清单：

（1）自查说明。

（2）最新森林资源二类调查成果或森林资源管理“一张图”数据，或森林资源监测报告。

（3）城区乔木、灌木面积监测报告或城市绿化主管部门提供的城区乔木、灌木面积情况说明。

（4）湿地及水域面积占国土面积10%以上的城市，提供湿地面积和水域面积数据。

（5）山区和平原区面积及在总面积中占比。

（6）近20年年均降水量。

（7）最新市域遥感图、森林资源分布图。

1.1.4 打分标准

（1）年降水量400毫米以下的城市，林木覆盖率达25%以上，得8分。

（2）年降水量400~800毫米的山区型城市，林木覆盖率每超过指标0.5个百分点，0.5分；平原型城市，每超过指标0.1个百分点，得1分。

（3）降水量超过800毫米的山区型城市，林木覆盖率每超过指标3个百分点，得1分；平原型城市，每超过指标0.1个百分点，得1分。

（4）与编制规划基准年相比，山区型城市林木覆盖率增幅每达到4%，得1分；平原型城市林木覆盖率增幅每达到1%，得1分。

（5）累计得分上限为8分。

1.1.5 分值权重

8分。

1.1.6 说明

材料清单说明：

(1)林木覆盖率指标评分中考虑年降水量和地形地貌因素。

(2)森林资源监测报告由省级森林资源监测部门提供。

打分标准说明：

(1)增幅=(申请称号时林木覆盖率-规划编制基准年林木覆盖率)/规划编制基准年林木覆盖率×100%，下同。

(2)城市分为山区型城市和平原型城市。山区面积占市域面积 2/3 及以上为山区型城市，其余均归为平原型城市(丘陵区计入平原区)。

(3)市域面积分为山区和平原面积。

(4)山区分为低山地区、中山地区、高山地区和极高山地区。

(5)年降水量跨分区雨量线的城市按分区雨量线划分区域分别计算得分，面积加权计算全市得分。

(6)分数可累计。

1.2 城区绿化覆盖率

1.2.1 测评标准

城区绿化覆盖率达 40%以上。

1.2.2 测评方法

书面审评。

1.2.3 具体要求

书面审评需提交的材料清单：

(1)自查说明。

(2)城区绿地现状分布图和绿化覆盖面积统计表。

(3)城区绿化项目实施情况。

(4)市级相关职能部门开具的建成区面积及范围证明材料。

1.2.4 打分标准

(1)每超过指标 1 个百分点，得 0.5 分。

(2)与规划编制基准年相比，增幅每达到 1 个百分点，得 0.5 分。

(3)累计得分上限为 3 分。

1.2.5 分值权重

3 分。

1.2.6 说明

材料清单说明：城区绿化项目实施情况的支撑材料应包括合同、设计、施工、验收等；无项目合同的小型绿地实施情况，应提供计划安排、任务布置、实施方案、验收总结等相关材料。

打分标准说明：分数可累计。

1.3 城区树冠覆盖率

1.3.1 测评标准

城区树冠覆盖率达 25%以上。

1.3.2 测评方法

书面审评、现场考察。

1.3.3 具体要求

书面审评需提交的材料清单：

(1)自查说明。

(2)乔木树冠覆盖现状分布图和乔木种植统计表及乔木树冠覆盖抽样材料。

(3)城区绿化乔木种植情况。

现场考察：在城区东、南、西、北、中5个方位各选1~2处样方(1公里×1公里)进行调查，5个不重叠样方应包括街道、单位、社区、公园等不同类型绿地，采用遥感影像判读、无人机航测判读和实地查看相结合方式，计算样方的树冠覆盖率。

1.3.4 打分标准

(1)每超过指标1个百分点，得0.5分。

(2)与规划编制基准年相比，增幅每达到1个百分点，得0.5分。

(3)累计得分上限为2分。

1.3.5 分值权重

2分。

1.3.6 说明

材料清单说明：下辖县市城区每个样方可取0.5公里×0.5公里。

打分标准说明：分数可累计。

1.4 城区人均公园绿地面积

1.4.1 测评标准

城区人均公园绿地面积达12平方米以上。

1.4.2 测评方法

书面审评。

1.4.3 具体要求

书面审评需提交的材料清单：

(1)自查说明。

(2)城市绿化主管部门出具的城区各类公园绿地面积统计表。

(3)人口主管部门出具的城区常住人口(无常住人口统计，可提供户籍人口)等证明材料。

1.4.4 打分标准

(1)每超过指标0.2平方米，得0.5分。

(2)与规划编制基准年相比，增幅每达到0.1平方米，得0.5分。

(3)累计得分上限为3分。

1.4.5 分值权重

3分。

1.4.6 说明

打分标准说明：分数可累计。

1.5 城区林荫道路率

1.5.1 测评标准

城区主干路、次干路林荫道路率达60%以上。

1.5.2 测评方法

书面审评、现场考察。

1.5.3 具体要求

书面审评需提交的材料清单:

(1)自查说明。

(2)城市绿化主管部门出具的城区主干路、次干路林荫道路一览表、抽样材料。

(3)林荫道路覆盖照片。

现场考察:随机抽取城区主干道、次干道林荫道路各3条,进行现场考察。

1.5.4 打分标准

(1)每超过指标1个百分点,得0.2分。

(2)累计得分上限为2分。

1.5.5 分值权重

2分。

1.5.6 说明

材料清单说明:县级城市若无主、次干路之分,则只审评和考察主路。

1.6 城区地面停车场绿化

1.6.1 测评标准

城区新建地面停车场的乔木树冠覆盖率达30%以上。

1.6.2 测评方法

书面审评、现场考察。

1.6.3 具体要求

书面审评需提交的材料清单:

(1)自查说明。

(2)城区新建地面停车场数量、名称、位置、面积及乔木树冠覆盖率一览表。

(3)城区新建地面停车场建设情况。

(4)城区新建地面停车场照片。

现场考察:随机抽取5处城区新建地面停车场进行现场考察,若新建地面停车场总数少于5处,则全部纳入现场考察。

1.6.4 打分标准

(1)每超过指标1个百分点,得0.5分。

(2)累计得分上限为1分。

1.6.5 分值权重

1分。

1.6.6 说明

材料清单说明:

(1)新建地面停车场建设情况应包括停车场建设的批复、合同、施工和验收。

(2)无项目合同的小型地面停车场建设，应提供建设计划安排、任务布置、实施方案、验收总结等相关材料。

1.7 乡村绿化

1.7.1 测评标准

乡村道路绿化率达70%以上，村庄林木绿化率达30%以上，村旁、路旁、水旁、宅旁基本绿化美化。

1.7.2 测评方法

书面审评、现场考察。

1.7.3 具体要求

书面审评需提交的材料清单：

(1)自查说明。

(2)乡村绿化支撑材料。

现场考察：采取现场考察、遥感影像判读或选用无人机航测的方式，根据地形选取不同乡镇的不同类型行政村各1个进行考察。

1.7.4 打分标准

(1)乡村道路绿化率每超过指标1个百分点，得0.5分，得分上限为2分。

(2)村庄林木绿化率(或村庄绿化覆盖率)每超过指标0.2个百分点，得1分，得分上限为2分。

(3)累计得分上限为4分。

1.7.5 分值权重

4分。

1.7.6 说明

材料清单说明：

(1)村庄林木绿化率=所有村庄林木绿化面积/村庄总面积×100%。

(2)乡村绿化支撑材料应包括建设批复、合同、施工和验收；无合同的乡村道路绿化、林木绿化建设，应提供计划安排、任务布置、实施方案、验收总结等相关材料。

(3)根据地形选取不同类型行政村，选取位于山区与平原的集中居住村和分散居住村。

(4)集中居住行政村庄的范围是行政村内部和围村200米的范围(邻村土地不应在内)。

(5)分散居住行政村庄的范围是行政村内部及其周围村100米的范围(邻村土地不应在内)。

(6)根据《农村公路建设管理办法》(中华人民共和国交通运输部令2018年第4号)，农村公路是指纳入农村公路规划，并按照公路工程技术标准修建的县道、乡道、村道及其所属设施，包括经省级交通运输主管部门认定并纳入统计年报里程的农村公路。其中，乡道是指除县道及县道以上等级公路以外的乡际间公路以及连接乡级人民政府所在地与建制村的公路。村道是指除乡道及乡道以上等级公路以外的连接建制村与建制村、建制村与自然村、建制村与外部的公路，但不包括村内街巷和农田间的机耕道。

(7)山地、丘陵区乡村道路两旁山坡30米有植被覆盖，可记为已绿化道路。

打分标准说明：分数可累计。

1.8　道路绿化

1.8.1　测评标准

铁路、县级以上公路等道路绿化与周边自然、人文景观相协调，适宜绿化的道路绿化率达80%以上。

1.8.2　测评方法

书面审评。

1.8.3　具体要求

书面审评需提交的材料清单：

(1)自查说明。

(2)各级道路名称、起止节点、长度、宜绿化长度、已绿化长度一览表。

(3)道路绿化支撑材料。

1.8.4　打分标准

(1)每超过指标1个百分点，得0.5分。

(2)累计得分上限为2分。

1.8.5　分值权重

2分。

1.8.6　说明

材料清单说明：

道路绿化支撑材料应包括：

(1)道路建设(管护)部门正式发文文件、合同、施工、验收等含绿化内容的相关材料；城市绿化与林草部门开展的铁路、县级以上道路绿化带建设应提供正式发文文件、合同、施工、验收或年度计划、任务安排和年度总结等相关材料；

(2)道路绿化遥感图像与解译结果。

1.9　水岸绿化

1.9.1　测评标准

注重江、河、湖、库等水体沿岸生态保护和修复，水体岸线自然化率达80%以上，适宜绿化的水岸绿化率达80%以上。

1.9.2　测评方法

书面审评。

1.9.3　具体要求

书面审评需提交的材料清单：

(1)自查说明。

(2)市域内的江、河、湖、库等名称、起止节点、水岸长度、宜绿化长度、已绿化长度一览表。

(3)水岸绿化支撑材料。

1.9.4　打分标准

(1)乡村道路绿化率每超过指标2个百分点，得0.5分。

(2)累计得分上限为2分。

1.9.5 分值权重

2分。

1.9.6 说明

材料清单说明：

(1)水岸绿化支撑材料应包括：①水岸绿化支撑材料应包括市级水利部门开展的，以及市级城市绿化与林草部门在水岸绿化带开展的水岸绿化的正式发文文件、合同、施工、验收或年度计划、任务安排和年度总结等相关材料；②水岸绿化遥感图像与解译结果。

(2)自然化水岸是指未硬化水岸岸坡。

打分标准说明：评分采用的水岸绿化率=江、河、湖、库所有的水岸已绿化总长度/江、河、湖、库所有的水岸适宜绿化的总长度。

1.10 农田林网

1.10.1 测评标准

按照《生态公益林建设 技术规程》(GB/T 18337.3—2001)要求建设农田林网。

1.10.2 测评方法

书面审评、现场考察。

1.10.3 具体要求

书面审评需提交的材料清单：自查说明。

现场考察：对建有农田林网的城市，随机查看是否存在断带、树种选择不当、更新改造不及时等问题。

1.10.4 打分标准

东北地区农田林网控制率达到85%，华北东部、华北西部和西北地区农田林网控制率达到90%，中南、华东和华南农田林网控制率达80%，树种选择与更新改造科学合理，控制率每提高1%，得0.2分，得分上限为1分。

1.10.5 分值权重

1分。

1.11 重要水源地绿化

1.11.1 测评标准

重要水源地森林植被保护完好，森林覆盖率达70%以上，水质净化和水源涵养作用得到有效发挥。

1.11.2 测评方法

书面审评。

1.11.3 具体要求

书面审评需提交的材料清单：

(1)自查说明。

(2)重要水源地的数量、名称、地点、范围、绿化率一览表，及无人机照片或高分影像图。

(3)重要水源地绿化支撑材料。

1.11.4 打分标准

(1)乡村道路绿化率每超过指标 1 个百分点，得 0.5 分。

(2)累计得分上限为 2 分。

1.11.5 分值权重

2 分。

1.11.6 说明

材料清单说明：

重要水源地绿化支撑材料包括：

(1)重要水源地(包括饮用水源水库、河流和地下取水处等)绿化支撑材料应包括重要水源地开展造林绿化与林木管护的批复、合同、施工和验收或年度计划、任务安排和年度总结等相关材料；水利部门或环保部门出具的本市重要水源地设定的证明材料。

(2)重要水源地绿化遥感图像与解译结果。

打分标准说明：重要水源地森林覆盖率=现有市域内重要水源地森林总面积/重要水源地陆地范围总面积。

1.12 受损弃置地生态修复

1.12.1 测评标准

受损弃置地生态修复率达 80%以上。

1.12.2 测评方法

书面审评、现场考察。

1.12.3 具体要求

书面审评需提交的材料清单：

(1)自查说明。

(2)受损弃置地生态修复数量、名称、地点、面积、生态修复面积、生态修复率一览表。

(3)受损弃置地生态修复前后对比图片(含无人机照片或高分遥感影像图)。

(4)受损弃置地生态修复支撑材料。

现场考察：随机抽查 2 处已完成生态修复的受损弃置地；若生态修复的受损弃置地个数少于 2 处，则全部纳入现场考察。

1.12.4 打分标准

(1)乡村道路绿化率每超过指标 1 个百分点，得 0.5 分。

(2)累计得分上限为 2 分。

1.12.5 分值权重

2 分。

1.12.6 说明

材料清单说明：

(1)由相关主管部门出具的受损弃置地认定证明。

(2)受损弃置地生态修复支撑材料应包括受损弃置地生态修复工程批复、合同、施工和验收或年度计划、任务安排和总结等相关材料。

(3)受损弃置地生态修复率=规划编制基准年至申请称号时市域内受损弃置地生态修复总面积/(规划编制基准年市域内未修复受损弃置地总面积+规划编制基准年至申请称号时新增受损弃置地总面积)。

2. 森林健康

2.1 树种多样性

2.1.1 测评标准

城市森林树种丰富多样，形成多树种、多层次、多色彩的森林景观，城区某一个树种的栽植数量不超过树木总数量的20%。

2.1.2 测评方法

书面审评、现场考察。

2.1.3 具体要求

书面审评需提交的材料清单：

(1)自查说明。

(2)城区栽植数量最多的5个树种栽植比例的统计数据及抽样调查结果。

(3)城区绿化苗木树种的使用情况。

现场考察：随机选取2处公园绿地和2条主干路、次干路抽样调查，若存在大量使用截冠苗造林，应增加现场考察点数量。

2.1.4 打分标准

(1)乡村道路绿化率每超过指标1个百分点，得1分。

(2)累计得分上限为4分。

2.1.5 分值权重

4分。

2.1.6 说明

材料清单说明：城区绿化苗木树种的使用情况应包括城区各类绿化工程建设含各类苗木树种使用量的实施方案、年度计划、任务安排和年度总结等相关材料。

2.2 乡土树种使用率

2.2.1 测评标准

城区乡土树种使用率达80%以上。

2.2.2 测评方法

书面审评、现场考察。

2.2.3 具体要求

书面审评需提交的材料清单：

(1)自查说明。

(2)乡土树种名录。

(3)使用树种名录(需注明是否为乡土树种)。

(4)城区乡土树种使用率的统计表及抽样调查结果。

现场考察：随机抽样调查，可与树种多样性现场考察一同进行。

2.2.4 打分标准

(1)乡村道路绿化率每超过指标1个百分点，得0.5分。

(2)累计得分上限为4分。

2.2.5 分值权重

4分。

2.3 苗木使用

2.3.1 测评标准

注重乡土树种苗木培育，使用良种壮苗，提倡实生苗、容器苗、全冠苗造林，严禁移植天然大树。

2.3.2 测评方法

书面审评、现场考察。

2.3.3 具体要求

书面审评需提交的材料清单：

(1)自查说明。

(2)市域苗圃及苗木生产统计表。

(3)市域绿化苗木使用情况统计数据(人工用材林、经济林等需提供良种证书；生态公益林和城市绿化使用树种需提供林木种苗标签档案)。

现场考察：随机查看抽查2处苗圃、良种证书或良种标签、林木种子生产经营许可证明，以及绿化工程是否存在大量使用截冠苗、移植天然大树等现象。

2.3.4 打分标准

(1)人工用材林、经济林等良种使用率达到100%，得0.5分。

(2)生态公益林和城市绿化中，来自树种适生区种源的乡土树种种苗使用率达70%，每超过5个百分点，得0.5分，得分上限为1.5分。

(3)累计得分上限为2分。

2.3.5 分值权重

2分。

2.3.6 说明

打分标准说明：分数可累计。

2.4 生态养护

2.4.1 测评标准

避免过度的人工干预，注重森林、绿地土壤的有机覆盖和功能提升，城区绿地有机覆盖率达60%以上。

2.4.2 测评方法

书面审评、现场考察。

2.4.3 具体要求

书面审评需提交的材料清单：自查说明。

现场考察：

(1)随机查看是否存在未按有关规定截除树木主干、去除树冠、过度修剪等现象。

(2)随机查看是否采取有效措施对森林、绿地土壤进行有机覆盖。

2.4.4 打分标准

(1)城区绿地有机覆盖率每超过指标1个百分点，得0.2分。

(2)累计得分上限为2分。

2.4.5 分值权重

2分。

2.5 森林质量提升

2.5.1 测评标准

注重森林质量精准提升，每年完成需提升面积的10%以上，培育优质高效城市森林。

2.5.2 测评方法

书面审评、现场考察。

2.5.3 具体要求

书面审评需提交的材料清单：

(1)自查说明。

(2)森林质量提升相关支撑材料。

现场考察：随机选取2个营造林地点，根据作业设计和小班图进行现场考察。

2.5.4 打分标准

(1)乡村道路绿化率每超过指标1个百分点，得1分。

(2)累计得分上限为4分。

2.5.5 分值权重

4分。

2.5.6 说明

材料清单说明：

(1)森林质量提升包括中幼林抚育经营、低产低效林改造、退化林修复等(计算基准为森林城市规划编制基准年需完成的提升面积)。

(2)森林质量提升相关支撑材料应包括森林经营规划或实施方案、作业设计、任务安排、检查总结；实施森林质量精准提升项目的城市，需准备项目批复、合同、施工和验收等相关材料。

2.6 动物生境营造

2.6.1 测评标准

保护和选用留鸟引鸟、食源蜜源植物，大型森林、湿地等生态斑块通过生态廊道实现有效连接。

2.6.2 测评方法

书面审评。

2.6.3 具体要求

书面审评需提交的材料清单：

(1)自查说明。

(2)生态廊道、生态斑块遥感图、分布图。

2.6.4 打分标准

(1)使用一定数量的留鸟、引鸟树种，大型森林、湿地等生态斑块之间建有生态廊道，得0.5分。

(2)留鸟、引鸟树种广泛使用，关键栖息地之间建有生态廊道，得1分。

2.6.5 分值权重

1分。

2.7 森林灾害防控

2.7.1 测评标准

建立完善的有害生物和森林火灾防控体系。

2.7.2 测评方法

书面审评。

2.7.3 具体要求

书面审评需提交的材料清单：

(1)自查说明。

(2)林业有害生物成灾率、无公害防治率、测报准确率、种苗产地检疫率。

(3)森林火灾受害率，包括发生次数、受害面积、伤亡数量。

(4)森林灾害防控能力建设实施情况。

2.7.4 打分标准

(1)林业有害生物成灾率低于4‰，得0.5分；无公害防治率高于85%，得0.5分；测报准确率高于90%，得0.5分；种苗产地检疫率达到100%，得0.5分。

(2)森林火灾受害率低于0.9‰，得2分。

(3)未达到要求的，不得分。

(4)累计得分上限为4分。

2.7.5 分值权重

4分。

2.7.6 说明

打分标准说明：分数可累计。

2.8 资源保护

2.8.1 测评标准

划定生态保护红线。未发生重大涉林犯罪案件和公共事件。

2.8.2 测评方法

书面审评。

2.8.3 具体要求

书面审评需提交的材料清单：

(1)自查说明。

(2)反映生态保护红线划定工作的相关文件。

(3)编制规划基准年至申请授牌时森林资源督查自查报告。

2.8.4 打分标准

(1)划定生态保护红线或生态控制区，得1分；正在划定生态保护红线或生态控制区，得0.5分。

(2)未发生涉林犯罪案件，得1分。

(3)未发生涉林公共事件，得1分。

(4)累计得分上限为3分。

2.8.5 分值权重

3分。

2.8.6 说明

打分标准说明：分数可累计。

3. 生态福利

3.1 城区公园绿地服务

3.1.1 测评标准

公园绿地500米服务半径对城区覆盖达80%以上。

3.1.2 测评方法

书面审评。

3.1.3 具体要求

书面审评需提交的材料清单：

(1)自查说明。

(2)城区公园绿地分布图，包括名称、位置及面积一览表。

(3)城区公园绿地500米服务半径对城区覆盖的遥感分析图和覆盖分析结果。

3.1.4 打分标准

(1)每超过指标1个百分点，得0.5分。

(2)累计得分上限为3分。

3.1.5 分值权重

3分。

3.2 生态休闲场所服务

3.2.1 测评标准

建有森林公园、湿地公园等大型生态休闲场所，20公里服务半径对市域覆盖达70%以上。

3.2.2 测评方法

书面审评。

3.2.3 具体要求

书面审评需提交的材料清单：

(1)自查说明。

(2)大型生态休闲场所分布图，包括名称、位置及面积。

(3)大型生态休闲场所20公里服务半径对市域覆盖率的遥感图与对市域覆盖分析结果。

3.2.4 打分标准

(1)乡村道路绿化率每超过指标2个百分点，得0.5分。

(2)累计得分上限为3分。

3.2.5 分值权重

3分。

3.2.6 说明

材料清单说明：大型生态休闲场所是指面积大于或等于20公顷以上的生态休闲场所，如森林公园、湿地公园等。

3.3 公园免费开放

3.3.1 测评标准

财政投资建设的公园向公众免费开放。

3.3.2 测评方法

书面审评。

3.3.3 具体要求

书面审评需提交的材料清单：

(1)自查说明。

(2)财政投资建设的公园名单，包括名称、地点、面积。

(3)免费开放的公园名单，包括名称、地点、面积。

(4)设立公众免费开放日的公园名单，包括名称、地点、面积。

3.3.4 打分标准

(1)财政全额投资建设的公园全部免费开放的，得2分。

(2)财政部分投资建设的公园超过80%免费开放，或每年设立公众免费开放日超过4个的，得1分。

(3)得分上限为2分。

3.3.5 分值权重

2分。

3.4 乡村公园

3.4.1 测评标准

每个乡镇建设休闲公园1处以上，每个村庄建设公共休闲绿地1处以上。

3.4.2 测评方法

书面审评、现场考察。

3.4.3 具体要求

书面审评需提交的材料清单：

(1)自查说明。

(2)乡镇休闲公园名单，包括名称、地点、面积一览表及抽样复核调查结果。

(3)村庄公共休闲绿地名单，包括名称、地点、面积一览表及抽样复核调查结果。

现场考察：结合乡村绿化指标测评随机抽取乡镇、村庄进行现场考察。

3.4.4 打分标准

(1)市域乡镇休闲公园总数每超过乡镇总数的10%，得0.5分，上限为1分。

(2)村庄公共休闲绿地总数每超过行政村总数的10%，得0.5分，上限为1分。

(3)累计得分上限为2分。

3.4.5 分值权重

2分。

3.4.6 说明

打分标准说明：

(1)乡镇休闲公园按每个乡镇建设休闲公园1处为基准，计算超过百分数。

(2)村庄公共休闲绿地按每个行政村公共休闲绿地1处为基准，计算超过百分数。

(3)分数可累计。

3.5 绿道网络

3.5.1 测评标准

建设普及城乡的绿道网络，城乡居民每万人拥有的绿道长度达0.5公里以上。

3.5.2 测评方法

书面审评、现场考察。

3.5.3 具体要求

书面审评需提交的材料清单：

(1)自查说明。

(2)绿道分布图及包括数量、起止点、长度一览表。

(3)绿道网络建设支撑材料。

现场考察：随机抽查2条绿道，若不足2条，则全部纳入现场考察范围。

3.5.4 打分标准

(1)万人拥有绿道长度每超过0.1公里，得1分。

(2)得分上限为2分。

3.5.5 分值权重

2分。

3.5.6 说明

材料清单说明：

(1)城乡居民是指人口主管部门出具的市域内常住人口(或户籍人口)总数证明。

(2)绿道网络建设支撑材料包括批复、合同、施工、验收等材料。

3.6 生态产业

3.6.1 测评标准

发展森林旅游、休闲、康养、食品等绿色生态产业，促进农民增收致富。

3.6.2 测评方法

书面审评。

3.6.3 具体要求

书面审评需提交的材料清单：

(1)自查说明。

(2)城市发展绿色生态产业规划和相关政策文件。

(3)编制规划基准年至申请称号上一年度城市绿色生态产业发展统计年报。

3.6.4 打分标准

(1)申请称号时的绿色生态产业总产值与规划编制基准年相比，增加幅度每超过2%，得1分。

(2)累计得分上限为2分。

3.6.5 分值权重

2分。

3.6.6 说明

材料清单说明：绿色生态产业是指经济林、林下经济、生态旅游、森林康养等产业。

4. 生态文化

4.1 生态科普教育

4.1.1 测评标准

所辖区(县、市)均建有1处以上参与式、体验式的生态课堂、生态场馆等生态科普教育场所。在城镇居民集中活动的场所，建有森林、湿地等生态标识系统。

4.1.2 测评方法

书面审评、现场考察。

4.1.3 具体要求

书面审评需提交的材料清单：

(1)自查说明。

(2)生态科普教育场所名单，包括数量、名称、地点、建成时间、现场照片。

(3)建有生态标识系统场所名单，包括数量、名称、地点、建成时间、现场照片。

(4)生态科普教育场所、生态标识系统建设支撑材料。

现场考察：随机抽选生态科普教育场所和建有生态标识系统场所各1处进行现场考察。

4.1.4 打分标准

(1)生态科普教育场所总数每超过所辖区(县、市)总数的20%，得0.5分，上限为2分。

(2)公园绿地、广场等100%建有生态标识系统，得1分；超过90%建有生态标识系统的，得0.5分；90%以下的，不得分。

4.1.5 分值权重

3分。

4.1.6 说明

材料清单说明：

(1)新建生态科普教育场所、生态标识系统建设支撑材料应包括建设批复、合同、施工、验收或项目年度计划、任务安排等相关材料。

(2)城镇居民集中活动的场所是指各类公园绿地、广场等。

4.2 生态宣传活动

4.2.1 测评标准

广泛开展森林城市主题宣传，每年举办市级活动5次以上。

4.2.2 测评方法

书面审评、现场考察。

4.2.3 具体要求

书面审评需提交的材料清单：

(1)自查说明。

(2)城市为开展森林城市主题宣传活动印发的市级和县级年度计划、工作方案等相关正式发文和活动总结。

(3)党政机关带头参加森林城市主题宣传活动的图片资料和文字说明。

(4)提供市属媒体宣传森林城市建设进展成效的样报图片、电视截屏、网络截图等。

(5)城市运用手机短信、微信、客户端等新媒体开展森林城市主题宣传的手机截图。

(6)城市主次干道、商场、超市、商业大街、城市社区、公共广场、公园、景区景点、公交(地铁)车站、机场、火车站、长途汽车站、码头、银行网点、宾馆饭店等公共场所和公交车(地铁)等公共交通工具刊播森林城市主题广告的图片资料。

现场考察：随机抽选5处进行现场考察。

4.2.4 打分标准

(1)举办市级森林城市主题宣传活动，每超过3次，得0.5分，上限为1分。

(2)主要街道、公共广场、公园、景区景点每隔500米至少有1处能够看到森林城市主题广告，得1分。

(3)运用手机短信、微信、客户端等多种形式新媒体开展森林城市主题宣传的，得1分。

(4)商场、超市、商业大街、城市社区、机场、火车站、长途汽车站、码头、银行网点、宾馆饭店等在显著位置展示不少于3处的森林城市主题广告，得1分。

(5)50%的公交车、地铁等公共交通工具车身或车厢内展示不少于1处的森林城市主题广告或30%以上的公交(地铁)车站设有不少于1处森林城市主题广告，得1分。

(6)累计得分上限为5分。

4.2.5 分值权重

5分。

4.2.6 说明

打分标准说明：分数可累计。

4.3 古树名木

4.3.1 测评标准

古树名木管理规范，档案齐全，保护措施科学到位，保护率达到100%。

4.3.2 测评方法

书面审评。

4.3.3 具体要求

书面审评需提交的材料清单：

(1)自查说明。

(2)贯彻落实《全国绿化委员会关于进一步加强古树名木保护管理的意见》的说明报告。

(3)反映城市开展古树名木保护的相关正式发文。

4.3.4 打分标准

保护效果显著的，得1分。

4.3.5　分值权重

1分。

4.4　市树市花

4.4.1　测评标准

设立市树、市花。

4.4.2　测评方法

书面审评。

4.4.3　具体要求

书面审评需提交的材料清单：

(1)自查说明。

(2)反映城市设立市树市花的正式发文。

4.4.4　打分标准

市树市花在城市生态建设中得到广泛应用，得1分。

4.4.5　分值权重

1分。

4.5　公众态度

4.5.1　测评标准

公众对森林城市建设的知晓率、支持率和满意度达90%以上。

4.5.2　测评方法

书面审评、问卷调查。

4.5.3　具体要求

书面审评需提交的材料清单：自查说明。

问卷调查：采取网络问卷等方式调查。

4.5.4　打分标准

(1)每超过指标2个百分点，得1分。

(2)得分上限为5分。

4.5.5　分值权重

5分。

4.5.6　说明

打分标准说明：知晓率、支持率和满意度为近一年内的最新调查数据，三率最低者为打分起点。

5. 组织管理

5.1　建设备案

5.1.1　测评标准

在国家森林城市建设主管部门正式备案2年以上。

5.1.2　测评方法

书面审评。

5.1.3　具体要求

书面审评需提交的材料清单：

(1)自查说明。

(2)国家森林城市建设主管部门同意建设国家森林城市的相关文件。

5.1.4 打分标准

备案材料齐全，得1分。

5.1.5 分值权重

1分。

5.2 规划编制

5.2.1 测评标准

编制规划期限10年以上的国家森林城市建设总体规划，并批准实施2年以上。

5.2.2 测评方法

书面审评、现场考察。

5.2.3 具体要求

书面审评需提交的材料清单：

(1)自查说明(规划评估报告)。

(2)提交规划批复文件、规划文本及实施的相关台账材料。

现场考察：随机抽查5个建设项目实施情况，其中城区和郊区乡村各选取3个不同类型且面积居同类公园中首位的公园绿地，结合城市绿化指标和乡村绿化指标测评进行现场考察。

5.2.4 打分标准

(1)严格落实规划确定的建设任务，得4分。

(2)规划确定的建设任务，完成率每超过1个百分点，得0.5分，得分上限为2分。

(3)得分上限为6分。

5.2.5 分值权重

6分。

5.2.6 说明

打分标准说明：

(1)规划建设任务完成率=各森林城市建设体系完成率的平均值。

(2)每个体系建设完成率=体系内各个建设工程完成率的均值。

(3)每个建设工程的完成率=工程内各个建设项目完成率的均值。

(4)按面积计算的项目完成率=项目完成面积/项目规划面积。

(5)按任务(面积除外)计算的项目完成率=项目完成任务数/项目任务总数。

(6)规划建设任务全面完成为加分起点。

打分标准说明：分数可累计。

5.3 科技支撑

5.3.1 测评标准

建立长期稳定的科技支撑体系，专业技术队伍健全，技术规程完备。

5.3.2 测评方法

书面审评。

5.3.3 具体要求

书面审评需提交的材料清单：

(1)自查说明。

(2)城市与森林城市建设相关的科技成果推广应用证明材料。

(3)城市制定出台的与森林城市建设相关的技术规范与标准。

(4)城市组织开展与森林城市建设相关的业务培训现场照片和文字说明。

5.3.4 打分标准

(1)具有稳定的科技推广、研发机构与人员和持续稳定的资金投入，定期、不定期开展技术培训，得1分。

(2)每获得省部级(含)以上主管部门认定的森林城市建设技术推广成果1项，得0.2分。

(3)每编制出台森林城市建设技术规范、手册1个(册)得0.1分。

(4)每开展1次30人以上规模的技术培训，得0.2分。

(5)累计得分上限为2分。

5.3.5 分值权重

2分。

5.3.6 说明

打分标准说明：分数可累计。

5.4 示范活动

5.4.1 测评标准

积极开展森林社区、森林单位、森林乡镇、森林村庄、森林人家等多种形式示范活动。

5.4.2 测评方法

书面审评、现场考察。

5.4.3 具体要求

书面审评需提交的材料清单：

(1)自查说明。

(2)反映城市开展森林社区、森林单位、森林乡镇、森林村庄、森林人家等示范活动的正式发文。

(3)反映城市获得国家级或省级森林社区、森林单位、森林乡镇、森林村庄、森林人家等称号的正式发文、牌匾或证书的图片。

(4)反映城市开展森林社区、森林单位、森林乡镇、森林村庄、森林人家等示范活动的图片和文字说明。

现场考察：对已开展森林社区、森林单位、森林乡镇、森林村庄、森林人家等示范活动的，随机抽取1处进行现场考察。

5.4.4 打分标准

(1)开展涵盖森林社区、森林单位、森林乡镇、森林村庄、森林人家等示范活动类型达3类，示范活动组织体系较为完善，起到部分示范带头作用，得0.5分。

(2)开展较为广泛的示范活动，涵盖类型达4类，示范活动组织体系完善，起到较好的示范带动作用，得1分。

(3)开展广泛的示范活动，超过4类，示范活动组织体系严密、完善，示范工作落实到位，示范带头作用良好，促进森林城市建设效果良好，得2分。

5.4.5 分值权重

2分。

5.4.6 说明

材料清单说明：开展森林社区、森林单位、森林乡镇、森林村庄、森林人家等示范活动，包括市级林草管理部门或其他部门开展的含有绿化内容与要求、与之类似的示范活动。

5.5 档案管理

5.5.1 测评标准

档案完整规范，相关技术图件齐备，实现科学化、信息化管理。

5.5.2 测评方法

书面审评、现场考察。

5.5.3 具体要求

书面审评需提交的材料清单：

(1)自查说明。

(2)反映城市设立国家森林城市组织机构及创森期人员调整的相关正式发文。

(3)反映城市编制规划时至申请授牌时召开森林城市建设工作领导小组(指挥部)会议、专题部署会议的情况记录或宣传报道。

(4)反映城市为推进森林城市建设制定的实施方案、督导制度和考核办法。

(5)反映城市编制规划时至申请授牌时推进森林城市建设资金投入、定期向上级主管部门报送工作推进情况等证明材料。

(6)反映城市已建立的森林城市档案管理信息系统并有效运转的网络截图。

(7)反映城市贯彻落实国家森林城市建设有关决策部署的相关正式发文。

(8)森林城市档案建设支撑材料。

现场考察：随机调阅森林城市建设相关档案。

5.5.4 打分标准

(1)党委、政府重视程度不高，组织机构和部门协作不够紧密，没有上报国家林业和草原局创森工作简报或总结，不得分；党委、政府较为重视推动创建工作，成效较为显著，每年主要负责同志亲自研究部署森林城市建设工作1~3次，机构基本健全、人员基本稳定，得1分；党委、政府主要负责同志亲自指挥，推动创建工作取得显著成效，每年召开动员部署、督导检查、整改落实会议或活动超过3次，机构健全、人员稳定，得2分。

(2)定期向国家森林城市建设主管部门上报工作简报，得0.5分。

(3)定期向国家森林城市建设主管部门上报工作总结，得0.5分。

(4)森林城市建设主管部门档案资料较为规范齐全，技术图件较为齐备，基本实现档案管理科学化、信息化，得0.5分；森林城市建设主管部门和各协作部门单位档案资料规范齐全，技术图件齐备，实现档案管理科学化、信息化程度高，得1分。

(5)累计得分上限为4分。

5.5.5 分值权重

4分。

5.5.6 说明

材料清单说明：

(1)森林城市信息化管理系统可以是独立系统，也可以是城市信息管理系统的子系统。森林城市建设档案管理信息系统可以是独立系统，也可是其他系统子系统。

(2)森林城市档案建设包括档案管理制度、管理办法、各种保存介质档案分类体系，各类档案数量。

打分标准说明：分数可累计。

全国森林城市发展规划

第一章　我国森林城市发展形势

一、取得的成效

在以习近平同志为核心的党中央高度重视和坚强领导下，国家林业局和各级林业部门围绕"让森林走进城市，让城市拥抱森林"，以大地植绿、心中播绿为重点任务，广泛开展森林城市建设，着力打造以森林和树木为主体，城乡一体、健康稳定的自然生态系统，大力弘扬尊重自然、顺应自然、保护自然的生态文明理念，取得了显著成效，为全面建成小康社会、建设生态文明和美丽中国作出了积极贡献。

（一）开创了城乡生态建设的新局面

森林城市建设已成为各地增加森林面积、保护森林资源的有效手段。各地通过实施森林增长工程，开展城区的拆迁补绿、见缝插绿，郊区的森林公园、郊野公园建设，水系和道路的绿化等，显著增加了城市森林绿地面积。根据对 138 个国家森林城市的统计，近 5 年每个城市年均新增造林面积 20 万亩左右。

（二）拓展了民生福祉改善的新途径

森林城市是一项由政府主导、社会广泛参与，切实为民办实事、提升市民生态福利的民生工程。各地通过实行公园免费开放、发展街头休闲绿地、打造城乡绿道等一系列举措，极大提升了森林城市生态服务功能，显著改善了城乡居民的生产生活环境，使老百姓出门能见绿、游憩在林下、休闲进森林。根据近 5 年对创森城市的问卷调查结果，城乡居民对森林城市建设的支持率和满意度均在 95%以上。

（三）探索了城市转型发展的新方式

这些年，许多资源型城市和老工业城市，如辽宁的本溪、鞍山，江西的新余、广西的柳州、山东的枣庄等都通过开展国家森林城市创建，不仅增加了城市的绿色基调，使城市面貌和生态景观焕然一新，而且培植了以森林为依托的森林旅游、森林康养等绿色产业，有力促进了城市转型升级和绿色发展。

（四）搭建了生态建设全民参与的新平台

森林城市建设既注重政府主导，也强调全民参与、共建共享。各级地方党委和政府在森林城市建设组织领导、资金投入、政策扶持等方面推出了一系列重大举措，鼓励和引导社会各方力量支持、参与森林城市建设。广大群众通过义务植树、认建认养等形式参与造林绿化，社会资本通过 PPP、BOT 等方式投入森林城市建设。据统计，全国创森城市投入森林城市建设的资金中一半以上来自于社会投入。

（五）传播了生态文明的新理念

森林城市建设不仅是加强生态建设的过程，更是向社会开展生态宣传教育、提高公众生态意识的过程。各地在森林城市建设过程中，通过大力发展生态文化设施，普及森林知识和生态常识，提高了广大市民植绿、护绿、爱绿意识和生态文明素质，让“造林即是造福”“栽树即是栽富”“共建森林城市、共享生态文明”“尊重自然、顺应自然、保护自然”等生态理念深入人心。

目前，全国已有200多个城市开展了森林城市创建活动，其中138个城市被授予国家森林城市称号，有20多个省份开展了森林城市群建设，有16个省份开展了省级森林城市创建活动，建成了一大批森林县城、森林小镇和森林村庄示范。

实践证明，开展森林城市建设顺应了人民群众对改善生态的新需求，契合了我国新型城镇化发展的新趋势，符合建设生态文明和美丽中国的新部署，为我国城市现代化建设探索出一条成功的路子，发挥了积极的引领和推动作用。

二、面临的机遇

党的十九大报告确定了决胜全面建成小康社会、开启全面建设社会主义现代化国家新征程的目标，对建设生态文明和美丽中国作出了新的部署。森林城市建设正站在新的起点，迎来了前所未有的机遇。

（一）建设美丽中国提出了森林城市建设新要求

习近平总书记强调，全社会都要切实增强生态意识，切实加强生态环境保护，把我国建设成为生态环境良好的国家；要坚定不移爱绿植绿护绿，把我国森林资源培育好、保护好、发展好，努力建设美丽中国。党的十九大报告首次把建设美丽中国确定为新时代社会主义现代化建设的重要目标，成为社会主义现代化建设的战略任务之一。国家美不美，看山和水；只有山青，才能水秀。没有森林，就没有青山绿水，就不会有良好生态，美丽中国便无从谈起。这就要求，要着力开展森林城市建设，加快城乡绿化步伐，完善城乡生态系统，增加森林资源总量，扩大城市生态空间，提升森林质量和改善生态景观，为建设美丽中国奠定坚实基础。

（二）全面建成小康社会明确了森林城市建设新任务

习近平总书记强调，发展林业是全面建成小康社会的重要内容。良好生态环境是提高人民生活水平、改善人民生活质量、提升人民幸福感和获得感的基础和保障，是最公平的公共产品和最普惠的民生福祉，是全面建成小康社会的必然要求。我国还是一个缺林少绿的国家，而且森林大多分布在远离城市的山区林区，很难满足城市居民“推窗见绿、出门进林”的需要。这就要求，要按照全面建成小康社会各项要求，准确把握我国社会主要矛盾的变化，着力开展森林城市建设，促进城乡居民身边增绿，发展生态公共服务，让居住环境绿树环抱、生活空间绿荫常在，增强居民获得感和幸福感，满足广大人民群众对良好生态的新期待。

（三）推进绿色发展赋予了森林城市建设新使命

习近平总书记强调，要走生态优先、绿色发展之路，使绿水青山产生巨大生态效益、经济效益、社会效益；要紧紧围绕提高城镇化发展质量，高度重视生态安全，扩大森林、湖泊、湿地等绿色生态空间比重，增强水源涵养能力和环境容量。这就要求，要着力开展森林城市建设，有效改善城市生态环境，提高城市生态承载力，扩大城市的环境容量。大力发展以森林资源为依托的绿色产业，壮大绿色经济规模，促进城市转型升级和绿色增长。广泛开展生态文明教育，繁荣生态文化，增强尊重自然、顺应自然、保护自然的观念，推动形成绿色发展方式和生活方式，建设人与自然和谐共生的生态文明。

（四）实施乡村振兴战略开辟了森林城市建设新阵地

习近平总书记强调，中国要强农业必须强，中国要美农村必须美，中国要富农民必须富。当前，我国最大的发展不平衡，是城乡发展不平衡；最大的发展不充分，是农村发展不充分。这就要求，要城乡一体地开展森林城市建设，按照产业兴旺、生态宜居、乡风文明、治理有效、生活富裕的总要求，积极发展以森林为依托的种植、养殖、旅游、休闲、康养等生态产业，促进农民增收致富，推进乡村绿化美化，拓展乡村公共生态游憩空间，打造乡风浓郁的山水田园，改善农村生产生活环境，传承乡村自然生态景观风貌，努力建设风景如画、生态宜居的美丽乡村。

第二章　总体思路

一、指导思想

深入贯彻习近平新时代中国特色社会主义思想和党的十九大精神，按照“五位一体”总体布局和“四个全面”战略布局，牢固树立创新、协调、绿色、开放、共享的发展理念，坚持以人民为中心的发展思想，以维护生态安全、增进生态福祉、提高生态意识为总目标，以构建功能完备、健康稳定的城市森林生态系统为总任务，以恢复城市自然生态、营造城市宜居环境为总抓手，扩大生态空间，增加生态产品供给，弘扬生态文化，为全面建成小康社会、建设生态文明和美丽中国提供生态保障。

二、基本原则

——坚持合理布局，突出重点。

充分考虑我国自然地理特征、资源环境条件、森林植被分布，以及经济社会发展水平等因素，同时围绕国家重大战略、国家主体功能区划、城镇化发展布局等，对全国森林城市进行科学区划布局，确定建设重点和发展区域。

——坚持系统建设，统筹推进。

按照山水林田湖草是一个有机生命共同体的战略思想，将发展森林作为森林城市建设的中心任务，充分发挥森林对维护山水林田湖草生命共同体的特殊作用。同时统筹兼顾湿地保护、河流治理、防沙治沙和野生动植物保护等方面，推进城市自然生态系统协调发展。

——坚持城乡一体，示范带动。

把城区绿化与乡村绿化统筹考虑、同步推进，改变城乡生态建设二元结构，消除城乡人居环境差距，为城乡居民提供平等的生态福利。同时通过开展国家森林城市群、国家森林城市、省级森林城市等创建，全面引领推动森林城市建设。

——坚持惠民富民，强化服务

坚持以人民为中心的建设思想，围绕方便老百姓进入森林使用森林、保障老百姓身心健康、促进农民增收致富等需求，把森林作为城市重要的基础设施，强化生态公共服务功能，确保森林城市建设成果惠及全体人民。

——坚持循序渐进，科学推进

尊重自然规律和经济发展规律，把森林城市建设作为一项长期性、系统性工程，科学持续推进。坚持立足当前，务求实效，反对违背群众意愿的形象工程，特别是大树古树进城和非法移栽。坚持着眼长远，循序推进，反对违背自然规律的蛮干行为，特别是运动式推进。

三、规划目标

到2020年，森林城市建设全面推进，森林城市数量持续增加，森林城市质量不断提升，符合国情、类型丰富、特色鲜明的森林城市发展格局初步形成，城乡生态面貌得到明显改善，生态文明意识明显提高。建成6个国家级森林城市群，200个国家森林城市。

到2025年，以森林城市群和森林城市为主的森林城市建设体系基本建立，森林城市生态服务功能充分发挥，人居环境质量明显提升，森林城市生态资产及服务价值明显提高。提升国家级森林城市群建设质量，建成300个国家森林城市。

到2035年，森林城市群和森林城市建设全面推进，城市森林结构与功能全面优化，森林城市质量全面提升，城市生态环境根本改善，森林城市生态服务均等化基本实现，全民共享森林城市建设的生态福利。

第三章 发展布局

一、总体布局

以我国地理分区、全国主体功能区规划、区域发展总体战略为基础，以服务“一带一路”、京津冀协同发展、长江经济带三大国家战略为重点，以“两横三纵”城市化战略格局、林业“十三五”发展格局为依托，综合考虑森林资源条件、城市发展需要等因素，根据资源环境承载力规模，对山水林田湖草进行统筹规划、综合治理，提升城市森林生态系统功能，努力构建“四区、三带、六群”的中国森林城市发展格局。

“四区”为森林城市优化发展区、森林城市协同发展区、森林城市培育发展区、森林城市示范发展区。作为森林城市建设的主体区域，需要充分结合区域发展程度，分类侧重推进森林城市建设。主要目标是形成有区域特点的森林城市建设模式。

“三带”为“丝绸之路经济带”森林城市防护带、“长江经济带”森林城市支撑带、“沿海经济带”森林城市承载带。作为我国重要的经济、城镇、城市发展带，需要提高生态支撑能力。主要目标为国家发展战略提供生态支撑，通过城乡统筹发展提升城乡森林生态系统功能。

“六群”为京津冀、长三角、珠三角、长株潭、中原、关中–天水6个国家级森林城市群，作为各区域的森林城市群建设示范，需要提高城市的生态承载能力，主要目标推动森林连城，加强城市间的生态空间一体化。

二、发展分区

(一)森林城市优化发展区

1. 区域范围

包括上海、江苏、浙江、安徽、福建、江西、山东、河南、湖北、湖南、广东、广西、海南，涉及13省(自治区、直辖市)的160个地级市(自治州)、1266个县(市、区)，涉及79611万人口，区域经济总量500474.27亿元。

2. 区域条件

该区域主要包括华东、华南区，气候主要为亚热带季风气候，年降水量800~2000毫米。现有森林面积7729.84万公顷，森林蓄积量33.14亿立方米，森林覆盖率40.52%。城市绿地面积180.5万公顷，公园面积24.33万公顷，城市建成区绿化覆盖率40.86%。

3. 突出问题

该区域城市发展对自然生态系统的压力较大，大气污染、水污染问题突出，海岸侵蚀情况严重，森林结构较不合理，森林生态系统功能未能充分发挥，城市人居环境亟待进一步优化美化。

4. 建设重点

该区域定位于森林城市质量全面提升。主攻方向为对现有国家森林城市进行优化。启动森林城市总体规划到期续编工作，以充分展现城市特色，加强生态科普教育基地等生态服务设施建设，提升森林城市的惠民作用。在城市群基础上，有序选择基础条件较好区域，统筹开展森林城市群建设。

(二)森林城市协同发展区

1. 区域范围

包括北京、天津、河北、山西、内蒙古、辽宁、吉林、黑龙江、陕西，涉及9省(自治区、直辖市)的80个地级市(自治州、盟)817个县(市、区、旗)，涉及32130万人口，区域经济总量178612.86亿元。

2. 区域条件

该区域主要为我国东北、华北区，气候主要为温带季风气候，年降水量400~800毫米。现有森林面积7416.16万公顷，森林蓄积量47.82亿立方米，森林覆盖率30.14%。城市绿地面积60.84万公顷，公园面积11.3万公顷，城市建成区绿化覆盖率39.30%。

3. 突出问题

由于该区域城市发展起步较早，经过大规模高强度的城市建设，生态承载力已接近阈值，加之该区人口众多，资源过度开发，对生态系统产品的需求超过供给，人口资源环境矛盾突出。区域森林分布不均，大多数的森林、绿地分布在城市边缘，而城市中心人口众多、建筑群密集，公共绿地面积少，山脉、水系、道路等生态廊道不连贯，城市生态空间严重不足。

4. 建设重点

该区域定位于森林城市协同发展。主攻方向为指导有条件的地区、城市开展森林城市建设，加大森林城市在区域面上的拓展。结合京津冀协同发展战略，在政策、资金上加大北京、天津、雄安新区等特大城市森林城市建设力度，扩大环境容量和生态空间，增加城市内森林绿地面积，提高城市生态承载力。结合东北城市转型发展，引导一些森林资源较好城市开展森林城市建设，充分发挥森林、湿地等生态系统服务功能，增强生态产品生产能力。

(三)森林城市培育发展区

1. 区域范围

包括重庆、四川、贵州、云南，涉及4省(直辖市)的46个地级市(自治州)、438个县(市、区)，涉及19636万人口，区域经济总量77240.28亿元。

2. 区域条件

该区域主要为我国地理西南区，气候主要为亚热带季风气候，年降水量400~1600毫米。现有森林面积4587.72万公顷，森林蓄积量38.21亿立方米，森林覆盖率40.18%。城市绿地面积24.43万公顷，公园面积4.46万公顷，城市建成区绿化覆盖率38.83%。

3. 突出问题

该区域地处西南边陲，城市大多经济发展水平不高，与东部沿海省份的差距较大，城市间发展有一定的相似性。区域内森林多集中在山地、高原、河流源头，天然次生林人工化严重，人工纯林多。部分地区生态脆弱，水土流失和石漠化危害严重。城市森林景观破碎化，林分质量普遍较差，城市森林整体功能尚未得到有效发挥。

4. 建设重点

该区域定位于森林城市的培育及质量提升。主攻方向为选择资源条件较好的地区、城市开展森林城市培育，提升森林景观质量。以森林县城培育为先导，优化城市森林生态格局，注重保护大树古树、风水林、风景林，保留乡村自然景观风貌。以大江河源头、生态功能区等区域内的森林城市建设为重点，突出森林城市的生态功能，加强区域内的森林经营，提高森林质量，构建健康稳定的森林生态系统，打造优美宜人的城市森林景观。

(四)森林城市示范发展区

1. 区域范围

包括西藏、甘肃、青海、宁夏、新疆，涉及5省(自治区)的48个地级市(自治州)、330县(市、区)，涉及6607万人口，区域经济总量23742.56亿元。

2. 区域条件

该区域为我国西北区，气候主要为温带大陆性气候、高原高山气候，年降水量50~400毫米。现有森林面积3145.45万公顷，森林蓄积量28.64亿立方米，森林覆盖率9.00%。城市绿地面积12.86万公顷，公园面积1.63万公顷，城市建成区绿化覆盖率34.82%。

3. 突出问题

该区域总体属生态脆弱地区，土地退化和沙漠化危害严重，气候变化对生态的影响突出。区域内水资源匮乏，森林资源总量较少，分布不均，缺乏乔木林，林分质量偏低。城市与村镇之间缺乏林带相连，城市内森林呈孤岛状分布，以森林为主体生态防护屏障作用未得到充分发挥。

4. 建设重点

该区域定位于推动森林城市的典型示范建设。主攻方向为以区域内现有国家森林城市为典型，总结和推广建设经验和模式，为资源条件类似地区、城市提供森林城市建设示范。重点选择部分资源条件较为良好的地区，优先启动森林城市、森林县城建设。对于资源条件较弱区域，因地制宜、分区施策，有效增加城市内森林绿地面积。

三、重点区域

（一）“丝绸之路经济带”森林城市防护带

以“丝绸之路经济带”国家战略为基础，重点建设方向定位于保护丝绸之路经济带的生态空间。结合地域资源条件、采用适宜模式，加大城市内外宜林地造林增绿，加强环城防风防沙林建设，开展各具特色的森林村庄建设，打造具有国际示范意义、以森林为主体的生态防护屏障。

（二）“长江经济带”森林城市支撑带

以“长江经济带”国家战略为基础，重点建设定位于提供长江经济带的生态支撑。以省为单位，加强沿江森林城市带建设，加强城区水网、道路网为骨架的生态绿廊和景观廊道建设，注重河湖湿地保护与修复，构建以森林为主体的沿江绿色生态屏障。

（三）“沿海经济带”森林城市承载带

以“沿海经济带”为基础，重点建设定位于提升沿海经济带的生态承载力。加强环渤海、长三角、珠三角等沿海城市聚集区森林城市建设，以国家级森林城市为基础，打造各具特色的森林乡镇、森林村庄，充分展现城市文化特色，注重扩大城市绿色生态空间，增强森林生态产品供给，提高城市生态承载力，构建以森林为主体的沿海森林生态屏障。

（四）森林城市群

按照全国森林城市发展四大分区，以示范试点为抓手，结合城市资源条件和发展进程，在各区中选择具有代表性的城市群开展森林城市群建设。重点开展森林城市群建设示范，构建健康稳定的城市群森林生态系统，有效贯通城市间的森林、湿地等，扩大现有生态空间，形成成片森林湿地，防止城市连片发展，加强城市群生态空间的连接，优化城市群发展格局。

第四章　重点任务与建设内容

一、重点任务

（一）森林城市群建设

针对城市群发展对林业生态、产业、文化等多种服务功能的需求，以及有效应对区域性生态环境问题的社会期待，依托河流、湖泊、山峦等自然地理格局，构建互联互通的森林生态网络体系，城市群地区蓝绿空间占比 50%以上。初步建成京津冀、长三角、珠三角、长株潭、中原、关中-天水 6 个国家级森林城市群，鼓励和支持各省（区、市）建设有地方特色的区域性森林城市群。

（二）森林城市建设

以改善城市生态环境、增加城市森林面积、提升城市森林质量、增加城市居民游憩空间为目标，加强城市森林建设。森林覆盖率达到《国家森林城市评价指标》要求，城区树冠覆盖率达 25%，城区主、次干道中，林荫道路里程比例达 60%以上。

表 1 国家森林城市建设任务表

省份	城市(区)数量	县(区、市)城数量	国家森林城市数量	2020 年规划新建国家森林城市数量	2025 年规划新建国家森林城市数量
北京市	16	—	—	3	8
天津市	15	1	—	1	2
河北省	11	170	3	4	2
山西省	11	119	2	1	2
内蒙古自治区	12	102	5	2	1
辽宁省	14	100	7	2	2
吉林省	9	60	3	2	6
黑龙江省	13	128	1	1	3
上海市	15	1	—	—	3
江苏省	13	97	6	4	4
浙江省	11	90	12	1	11
安徽省	16	105	7	6	3
福建省	10	84	6	4	5
江西省	11	100	10	1	2
山东省	17	137	11	4	6
河南省	17	158	11	5	1
湖北省	13	103	7	3	6
湖南省	14	122	7	3	4
广东省	21	119	7	7	9
广西壮族自治区	14	110	8	3	3
海南省	4	23	—	1	5
重庆市	26	12	1	6	5
四川省	21	183	10	2	4
贵州省	9	89	2	1	7
云南省	16	129	4	1	4
西藏自治区	7	74	—	1	1
陕西省	10	107	4	3	3
甘肃省	14	86	—	1	2
青海省	8	43	1	1	1
宁夏回族自治区	5	22	1	1	1
新疆维吾尔自治区	14	104	2	1	3
合计	407	2778	138	76	119

二、建设内容

（一）扩展绿色空间

1. 拓展城区生态空间

将森林科学合理地融入城市空间，使城市适宜绿化的地方都绿起来。充分利用城区有限的土地增加森林绿地面积，特别是要将城市因功能改变而腾退的土地优先用于造林绿化。积极推进森林进机关、进学校、进住区、进园区。积极发展以林木为主的城市公园、市民广场、街头绿地、小区游园。积极采用见缝插绿、拆违建绿、拆墙透绿和屋顶、墙体、桥体立体绿化等方式，增加城区绿量，提高树冠覆盖率。

公园绿地建设。积极发展以林木为主的城市公园、市民广场、街头绿地，提供日常休闲游憩场所。城区居民人均公园绿地面积达 14 平方米，公园绿地 500 米服务半径覆盖率达 80%以上。

社区绿化建设。加强城市居住区、机关单位、学校、军营绿化建设，鼓励开展森林小区、森林单位、森林学校、森林军营的创建活动。

林荫道路建设。采用高大、长寿命乡土树种，进行街道林荫化建设，使城区街道树冠覆盖率达 30%。

绿荫停车场建设。采用高大落叶乡土树种，绿化露天停车场，使其预期树冠覆盖率达 60%。

2. 建设环城森林

保护和发展城市周边的森林和湿地资源，建设以生态防护为主，具有休闲游憩功能的城周森林，利用城近郊道路、河流，

建设景观防护林，构建环城森林屏障。

环城片林建设。依托城市周边自然山水格局，利用现在森林、湿地资源及城市周边的荒山荒地、矿区毁弃地、不宜耕种地等闲置土地，建设成片森林、湿地。每个城市城近郊区建设 20 公顷以上的森林、湿地 5 处以上。

生态防护林带建设。在城市周边公路、铁路、河流、水渠等地段，建设以游憩景观与防护隔离为主要功能的林带，与城周生态游憩林相连接，形成一定宽度的环城森林。

3. 开展村镇绿化美化

开展村镇绿化美化，提升村旁、宅旁、路旁、水旁等“四旁”绿化和农田防护林水平，改善农村生产生活环境，打造乡风浓郁的山水田园。

“四旁”绿化。结合美丽乡村建设，充分利用乡土树种、景观树种、经济树种、珍贵树种和花灌木，在村旁、宅旁、路旁、水旁等空间开展造林绿化美化。

庭院绿化美化。选择能满足乡村居民生产、生活需求，又有地方文化特色与观赏功能的庭院植物，绿化美化庭院。

农田防护林网。对适宜建设农田林网的平原村镇开展农田林网建设，达到《生态公益林建设 技术规程》农田林网建设标准。

（二）完善生态网络

1. 保护现有森林资源

以优化城市、城市群发展格局为目标，在城市、城市群发展中优先保护好现有成片的

地带性森林资源，保护好区域性湖泊、河流等湿地资源，形成大块自然森林湿地为主的结构，传承自然的山水生态格局，维护好城市自然脉络。

2. 建设城市间成片森林、湿地

城市之间的森林、湿地等生态空间，是城市重要的生态屏障，可以有效地避免城市无序扩张。要充分利用城市之间分布的自然森林、湿地，扩大现有生态空间，加强区域性水源涵养区、缓冲隔离区、污染防控区成片森林和湿地建设，形成城市间生态涵养空间，防止多个城市连片发展，优化城市群发展格局，消解城市热岛效应等问题。

3. 建设区域生态廊道

依托自然山脉、骨干河流水系，通过保护、恢复拓宽、补缺造林等措施，建设足够宽度和群落结构自然的贯通性区域生态廊道，把孤岛状的山地森林、平原片林、湖泊湿地、河流网络连接起来，促进空气交流、水系连通、生物迁徙路径通畅，实现区域主要森林、湿地之间相互连接。

4. 建设道路、水系林带

加强区域性道路、河流沿线造林绿化，注重公路、铁路等道路绿化与周边自然、人文景观相协调，建设“车行绿中、人在画中”的道路景观，适宜绿化的道路林木绿化率达80%以上。注重江、河、湖、库等水体沿岸生态保护和修复，打造“水清、岸绿、景美”的滨水景观，水体岸线自然化率达80%以上，适宜绿化的水岸林木绿化率达80%以上。

（三）提升森林质量

1. 培育近自然森林

在城市森林培育过程中，根据森林生态系统演替规律和景观需求，以种植乡土乔木树种为主，合理调控林分密度、乔灌草比例、绿色彩色树种比例，培育近自然城市森林。对城市周边生态风景林，针对现有林分的状况开展林相改造，调节林分树种组成结构，形成多树种、多层次、多色彩的稳定森林景观。

2. 提升乡村景观林

以原生地带性景观的恢复为目标，对现有村镇公园和村镇成片森林实施林分改造，补植原生树种，建设景观优美、乡风浓郁的乡村森林景观。注重保护大树古树、风景林，传承乡村自然生态景观风貌。

3. 增加生物多样性

以保护与恢复本地区重要动植物栖息地为目标，加强自然保护区、自然保护小区建设，为本地动植物栖息提供足够的安全空间。保护和选用留鸟引鸟、食源蜜源植物，每个城市在城区和近郊区打造多处5公顷以上城市片林。

4. 提高森林树木养护水平

在城市森林树木栽植、养护过程中，减少截干、修剪等过多的人为干扰，培育自然健康的城市森林树木；注重城市森林绿地土壤的有机覆盖和功能恢复。

（四）传播生态文化

1. 增加生态文化场所

依托森林公园、郊野公园、植物园、湿地公园和自然保护区等自然游憩地，因地制宜地建设能够展现地方生态文化特色、功能实用、适合开展生态文化宣教活动的各类场所。

2. 推动全民自然教育

大力推动全民自然教育工作，丰富森林城市生态文化内涵，特别是为城市少年儿童提供良好的户外学习条件，吸引更多的教师、学生亲近自然，了解自然和认识自然，促进城市少年儿童的身心健康发展，增强环境保护意识，帮助树立正确的生态伦理观。

3. 开展宣传推广活动

健全义务植树、古树名木保护、生态节庆、环境教育等各类生态文化活动体系，创新生态文化传播推广形式，加强城市生态文化宣传教育工作，营造全社会关心、支持、参与环境保护的良好社会氛围，培养公众环境素养、提高公民环境保护意识。

（五）强化生态服务

1. 拓展生态游憩空间

合理布局各类生态游憩地，健全立足市域、县区、乡镇、社区的多级游憩空间体系，发展森林公园、湿地公园、郊野公园、生态观光园、社区公园等各类游憩空间，提升城市森林服务半径，为城乡居民提供均衡的生态游憩场所。

2. 完善休闲绿道网络

建设遍及城乡的绿道网络，使城乡居民每万人拥有的绿

道长度 0.5 公里以上，为市民提供亲近自然、绿色出行的空间，满足居民亲近自然、休闲游憩的生活需求。

区绿道。在城区内选择适宜线路建设社区绿道、市域绿道网络，串联市区公园、广场、景区、美丽乡村、滨水空间等人文与自然风光区域，合理设置驿站，配置游客服务中心、自行车租赁点、餐饮点、观景点、科普解说设施、厕所等，满足供市民休闲、游憩、健身、出行。

区域性绿道。在城市间构建区域性绿道，实现居民“绿色出行+远行”，拓展居民游憩绿道长度，有机串联自然和历史文化风景名胜区、自然保护区、历史古迹等重要节点，加强区域间生态资源共享，构建区域间互联互通的绿道网，加强与城市公共交通系统无缝衔接。

3. 发展惠民生态产业

积极发展以森林为依托的旅游、休闲、康养、种植、养殖等生态产业，拓展生态服务模式，促进生态产业发展。充分发挥森林休闲观光度假功能，打造一批森林康养、森林运动、森林风情小镇等精品森林生态旅游基地；积极发展森林旅游活动项目，建设露营基地、房车基地、婚纱摄影基地、森林采摘园等新型体验基地；发展经济林果、林下经济等生态产业，促进林农增收致富。

（六）保护资源安全

1. 加强森林火灾防控

建立城市森林防火监测网络和应急指挥系统，加强扑火队伍和装备、物资储备设施建设，重点在大型城市生态片林、生态风景林、森林公园等资源分布集中、人为活动频繁的森林地带，实现火源实时摄像监测、火源定位、火灾现场适时传输，监测覆盖率达到 100%，无线通信网络覆盖率达到 100%。

2. 加强有害生物防治

加强城市森林有害生物监测预警、检疫御灾、防治减灾三大体系建设。建立森林有害生物鉴定和诊断系统，组建森林有害生物防治专业队，开发和推广无公害防治技术；加强引进绿化植物及其对生物多样性潜在影响的评估，实现城市森林有害生物的持续防控和森林健康水平的不断提升。

第五章　保障措施

一、加强组织领导

建立健全组织领导机制，强化对森林城市建设的统一组织、统一规划、统一协调和统一管理，加强对森林城市建设的人力、物力、资金支持。推进城市间、部门间协调合作，提升森林城市建设的整体性、协同性。各级党委、政府要将森林城市建设纳入当地经济社会发展规划，纳入领导干部目标责任制考核内容。深入贯彻落实《全国森林城市发展规划（2018—2025年）》，研究制定本地区森林城市建设具体工作措施，保障规划顺利实施。

二、加大支持力度

将森林城市建设纳入国土空间规划体系，加大城乡造林绿化土地供应，城市腾退土地优先用于森林城市建设。积极创新投融资模式，加大对森林城市建设的投入力度。提高科技支撑水平，加强城市森林结构与功能提升等关键技术的研发，注重先进技术的推广应用，建设城市林业国家重点实验室，分地区设立森林城市研究中心。加强城市森林学科专业建设，全面提升学科专业建设水平和服务森林城市发展能力。

三、提升建设能力

完善技术标准和管理规范，形成森林城市建设分级指标体系和制度体系。加强森林城市信息化建设，建立森林城市数据平台，运用云技术、大数据全面掌握森林城市建设推进情况。完善森林城市发展监测评估体系，加强监测体系建设和技术规程制定，实现监测与评估的常态化和规范化。加强管理人员和技术人员尤其基层人员的业务培训，建立稳定的专业人才队伍。

四、开展国际交流合作

积极开展森林城市建设国际交流合作，举办国际森林城市研讨会、可持续城市和社区发展交流会等，促进森林城市建设新理念、新模式和新实践的对话与合作，分享各国建设森林城市的成功经验和有效做法。设立国际合作项目专题，组建中外合作研究小组。

咸阳市生态空间治理总体思路

实施生态空间治理战略，实现生态空间山清水秀，是践行“绿水青山就是金山银山”和“山水林田湖草沙是生命共同体”理念、促进人与自然和谐共生的“林业方案”。由林地、湿地、草地、荒地、自然景观地组合而成的生态空间占到全市国土生态空间的50%以上。“十四五”时期是生态空间由“浅绿色”向“深绿色”迈进的重要历史时期。为深入贯彻落实习近平生态文明思想，紧密结合咸阳生态空间治理实际，提出以下生态空间治理总体思路。

一、总体要求

坚持“整体保护、系统修复、综合治理、高质量发展”四大原则，全面推行林长制，全面落实林业发展保护党政责任制，科学布局“林地、湿地、草地、荒山荒地、自然景观地”五大阵地，统筹推进“生态保护、生态恢复、生态重建、生态富民、生态服务、生态安全”六条战线，不断夯实智能、人文、资金、法治、组织五项保障，扎实开展“咸阳市生态空间治理”“咸阳市黄河流域生态空间治理”两个“十大行动”，扎实推进“生态空间治理”和“创建国家森林城市”两个“十大工程”，每年包装谋划100个重点项目。逐步在咸阳市域范围内构建起结构完善的森林生态体系、鲜明的森林服务体系、发达的森林产业体系、繁荣的森林文化体系和健全的森林支撑体系，加快生态空间治理体系和治理能力现代化建设，把建设美丽咸阳转化为实际行动，建设生态绿军，当好生态卫士，奋力谱写咸阳新时代生态空间治理新篇章。

二、“三步走”战略愿景

第一步，“十四五”期间，在总体实现“由浅绿变深绿”基础上，全市整体“迈向深绿色”，绿水青山指数不断提高、森林覆盖率稳定增加，建成高质量“绿色咸阳”。

第二步，从2026年到2035年，生态建设“由绿向美”转变，全市森林生态资源保持稳定，生态空间格局全面优化，森林生态功能更加完善，生态效益更加显现，森林生态产品供给能力全面增强，森林资源管理水平显著提升，咸阳大地实现山青、天蓝、水净、景美。

第三步，从2036年至2050年，持续推进“由绿向美”进程，建成高质量“山清水秀的咸阳”，实现“无山不绿，有水皆清，四时花香，万壑鸟鸣，替河山装成锦绣，把国土绘成丹青”。

三、发展目标(2021—2025)

1个省考指标：实施营造林125万亩。

2个总量指标：森林覆盖率达到40.4%，林业产业总产值达到220亿元。

2个质量指标：林业科技进步贡献率 ≥60%，林木良种使用率 ≥75%。

1个红线指标：自然保护地面积不低于662.77平方公里。

2个底线指标：森林火灾受害率控制在0.9‰以内，林业有害生物成灾率低于4.5‰。

3个创建指标：①创建国家森林城市。完善创建指标，力争2021年市级创建成功。支持县市区创建国家森林城市1个。②创建森林旅游示范市。创建市级森林旅游示范县5个、示范镇20个。③创建林业产业化示范基地。认定市级以上林业产业化龙头企业30个，市级以上苗木花卉示范企业50个。

四、整体布局

构建“一城、两河、三区、十线、多点”生态空间治理新格局。“一城”：即咸阳中心城区和西咸新区(咸阳市行政区域部分)构成的大城区绿化。“两河”：即渭河、泾河市域内水域廊道绿化。“三区”：即北部黄土高原生态公益型防护林区、中部黄土台塬生态经济型防护林区、南部关中平原田园生态型景观区。“十线”：即包茂高速、连霍高速、福银高速、咸旬高速、旬铜高速、关中环线、西咸环线、西延新线、312国道、211国道10条公路交通廊道绿化。“多点”：即除“一城”外的城镇、村庄、工矿区、风景区绿化，呈点状分布。

五、两个“十大行动”

(1)咸阳市黄河流域生态空间治理十大行动：①自然保护地体系建设行动；②自然生态资源保护行动；③生物多样性保护行动；④生态空间提质增效行动；⑤生态空间增绿行动；⑥生态产业富民行动；⑦生态服务体系建设行动；⑧生态安全体系建设行动；⑨生态空间治理科技创新行动；⑩支撑保障体系建设行动。

(2)咸阳市生态空间治理十大创新行动：①生态空间理论创新行动；②生态保护创新行动；③生态修复创新行动；④生态重建创新行动；⑤生态富民创新行动；⑥生态服务创新行动；⑦生态安全创新行动；⑧生态空间法治行动；⑨生态空间治理能力建设行动；⑩生态空间治理战略行动。

六、两个“十大工程”

(1)生态空间治理“十大工程”：①旱腰带地区生态保护修复；②生物多样性保护与生态修复；③渭河、泾河流域重点区域生态修复；④防护林提质增效和高质量发展；⑤自然保护地体系建设；⑥湿地保护恢复；⑦国家储备林基地建设；⑧乡村振兴和生态富民提升；⑨生态云建设；⑩生态支撑体系建设。

(2)创建国家森林城市“十大工程”：①森林围城进城工程；②绿色廊道工程；③森林乡村工程；④景区绿化工程；⑤森林公园工程；⑥湿地公园工程；⑦苗木花卉工程；⑧森林增量提质工程；⑨森林生态文化建设工程；⑩资源安全能力工程。

习近平总书记指出，森林是水库、钱库、粮库，现在应该再加上一个“碳库”。森林和草原对国家生态安全具有基础性、战略性作用，林草兴则生态兴。新时代林业人要以习近平生态文明思想武装头脑，始终心怀“国之大者”，坚持使命引领和问题导向相统一，坚持生态保护、绿色发展、民生改善相统一，“奉绿水青山之命，举生态空间之治，圆山清水秀之梦”，按照“政治强、业务精、形象好”的总要求，在五大阵地上主攻生态+法，在六条战线上按下“快进键”，在十大行动上跑出“加速度”，在生态空间治理十大工程、百优项目上滚石上山“争先锋”，聚焦“护绿、增绿、管绿、用绿、活绿”五大职责，用“有解思维”推动“万事有解”，朝夕逐梦、向绿而行，踔厉奋发、笃行不怠，精心绘制山清水秀的生态画卷，奋力谱写“水库、钱库、粮库、碳库”四库林业的美好篇章，为推进咸阳高质量发展贡献林业力量。

后　记

在中国，咸阳与历史上伟大的朝代紧密相连。渭水穿南，嵕山亘北，山水俱阳，谓之咸阳。两千多年来，这片土地印刻下周秦汉唐无与伦比的文明荣光，留下了习仲勋等老一辈无产阶级革命家战斗和生活的光辉足迹，也在新时代生态文明建设中，不断追寻着绿色宜居之梦，创造出关中大地的绿色奇迹。

厚重的历史文化在这里留下了浓墨重彩的印记，如今的咸阳是"一带一路"重要节点城市，是国家园林城市、全国绿化模范城市。绿色是大自然醉人的底色，也是咸阳城市活力的象征。大河之畔，崇山之间，寻常巷陌，田野农舍，绿色浸染大地，生命与生态共存。随着生态文明建设的不断深入，咸阳持续发力，夯实绿色根基，正向着"生态、美丽、宜居"的目标坚定迈进。

2017年，咸阳启动创建国家森林城市，经过4年多不懈努力，咸阳国家森林城市创建工作取得了显著成效。2021年4月，中国林业科学研究院专家组对咸阳国家森林城市成效进行评估，36项指标均达到或超过国家森林城市考核验收标准。5月19~22日，国家林业和草原局与陕西省林业局综合评定专家组对国家森林城市建设工作进行了综合评定，咸阳以较高水平达到国家森林城市建设标准，咸阳也成为国家森林城市创建新指标运用以来，第一个以新指标体系进行综合评定的国家森林城市。

咸阳创建国家森林城市走过了艰辛的历程，通过国家林业和草原局、陕西省林业局的大力支持，咸阳历届市委市政府的正确领导，500万咸阳人民的不懈努力，咸阳创建国家森林城市近期目标基本实现。为了深入贯彻落实习近平生态文明思想，我们将创建国家森林城市工作进行了认真总结和回顾，搜集整理有关资料进行思考提升，编辑成书，其目的继续以创建国家森林城市为统揽，使咸阳的山川大地绿起来美起来，使咸阳人民充分享受生态建设带来的红利，还希望能为正在创建或者未创建森林城市的兄弟地市提供借鉴，为创建森林城市理论研究、指标设计与综合评定提供范例。本书坚持理论与实践相结合，将国家创森新指标体系灵活运用到咸阳的森林城市建设中，每一个指标既有项目支撑，数据对比，又有分析论证，有很强的操作性、实用性。

在撰写编辑过程中，国家森林城市研究专家给予了精心指导，咸阳市委市政府高度重视，吴勇民、高航、贺展望、龙飞等同志作了大量资料收集工作，在此衷心表示感谢！

赵强社

2022 年 2 月